愛上種
酸麵
麵包

愛上 Sourdough

野生酵母起種飼養 step by step，適合小家庭的經典歐包配方，慢食養身幸福指南

酸種麵包

羅利·艾倫 Roly Allen

譯者 黃詩雯

愛上酸種麵包Sourdough

原文書名	How to raise a loaf and fall in love with sourdough
作　　者	羅利・艾倫（Roly Allen）
譯　　者	黃詩雯
審　　訂	謝忠祐

出　　版	積木文化
總 編 輯	江家華
責任編輯	李　華
版　　權	沈家心
行銷業務	陳紫晴、羅伃伶

發 行 人	何飛鵬
事業群總經理	謝至平

城邦文化出版事業股份有限公司
　　　　台北市南港區昆陽街16號4樓
　　　　電話：886-2-2500-0888｜傳真：886-2-2500-1951

發　　行	英屬蓋曼群島商家庭傳媒股份有限公司城邦分公司

　　　　台北市南港區昆陽街16號8樓
　　　　客服專線：02-25007718；02-25007719
　　　　24小時傳真專線：02-25001990；02-25001991
　　　　服務時間：週一至週五上午09:30-12:00；下午13:30-17:00
　　　　劃撥帳號：19863813｜戶名：書虫股份有限公司
　　　　讀者服務信箱：service@readingclub.com.tw
　　　　城邦網址：http://www.cite.com.tw

香港發行所	城邦（香港）出版集團有限公司

　　　　地址：香港九龍土瓜灣土瓜灣道86號順聯工業大廈6樓A室
　　　　電話： (852)25086231｜傳真：(852)25789337
　　　　電子信箱： hkcite@biznetvigator.com

馬新發行所	城邦（馬新）出版集團 Cite（M）Sdn Bhd

　　　　41, Jalan Radin Anum, Bandar Baru Sri Petaling, 57000 Kuala Lumpur, Malaysia.
　　　　電話：(603) 90563833 ｜傳真：(603) 90576622
　　　　電子信箱：services@cite.my

封面設計	葉若蒂
內頁排版	陳佩君
製版印刷	上晴彩色印刷製版有限公司

城邦讀書花園
www.cite.com.tw

【印刷版】
2021年6月29日　初版一刷
2024年8月9日　初版二刷
售　價／NT$ 380
ISBN　978-986-459-321-7
Printed in Taiwan.

【電子版】
2021年7月
ISBN　978-986-459-320-0 （EPUB）

國家圖書館出版品預行編目資料

愛上酸種麵包sourdough/羅利.艾倫(Roly Allen)著；黃詩雯
譯. -- 初版. -- 臺北市：積木文化出版：英屬蓋曼群島商家
庭傳媒股份有限公司城邦分公司發行, 2021.06
　　面；　公分
譯自：How to raise a loaf and fall in love with sourdough
ISBN 978-986-459-321-7(平裝)

1.點心食譜 2.麵包

427.16　　　　　　　　　　　　　　　　110007965

目錄

麵包生活風格

什麼是「酸種麵包」（sourdough）？
為什麼每個人都愛它？

想知道酸種麵包為什麼那麼有人氣，最好的方式，也許就是去超市找切片麵包，看看在它外包裝上的成分表。那串化學列表可能會讓你倒抽一口氣。每個人都知道麵包是用麵粉、酵母和水做的，幾千年來，人們都是這麼做麵包，那麼，為什麼我們會在成分列表上看到甘油單硬脂酸酯（glyceryl monostearate）、甘油雙硬脂酸酯（glyceryl distearate）跟丙酸鈣（calcium propionate）呢？單及雙脂肪酸甘油二乙醯酒石酸酯（diacetyltartaric acid esters of mono- and diglycerides，又稱 DATEM）的作用是什麼呢？這些東西又究竟是如何用來「改良」麵粉的呢？

酸種麵團做出的麵包，只會由四種材料組成：麵粉、水、鹽跟起種（starter）。而且風味絕對會比那些用化學方式膨發，在工廠烘焙出來的又白又軟的麵包要來得好得多，我們只不過是因為漸漸習慣，才接受了後者。但其實，用普通白麵粉做出酸種麵包，只不過是故事的開端而已！它和所有可口的食材，例如橄欖、堅果、種子、乳酪、水果還有莓果類都很搭。基本的酸種麵包配方還可以與其他麵粉，例如全麥粉、斯卑爾脫小麥粉（spelt）或黑麥粉（rye）一起製作，每種麵粉都有獨特的風味。無論用的是哪種麵粉，只要是酸種麵包，

當你咀嚼時，都會釋放出令人垂涎的味道，既甜、又酸且帶鹹。難怪有很多人在工業生產的麵包，還是手工麵包之間做選擇的時候，他們會願意為一塊「真的麵包」付出兩倍或三倍的價錢。

那風味就是值得！另一個酸種麵包的好處是，它有益於消化 —— 也因此有益於健康。愈來愈多人發現，那些烘焙工業以化學方式在短時間內引發膨發，而非花幾小時利用生物方式發酵膨發的麵包很不容易消化，且會造成許多人脹氣、疲倦和身體疼痛。而酸種麵包是麵粉和數以百萬計的細菌和酵母之間，以長時間且有活力的互動關係之下的產物。這種麵包似乎對我們腸胃菌群來說，是更好的食物來源：它是一種益生菌（prebiotic），可以助生益菌，也可以刺激腸壁。關於腸道的重要性，生物學家、醫生和營養學家們一直不斷地有新的發現，且我們學到的一切有關人類賴以維生的複雜過程，也都再再指出，與工廠烘焙的麵包相比，酸種麵包是更好的選擇。

另一個愛上酸種麵包的理由是，在烘焙製作麵包的過程能療癒心靈。任何人都能輕鬆上手，雖然製作的確會花一些時間，但正是因為必須等待，讓人不得不放下控制慾，這對大腦是有好處的，耐心、照料和關注會得到回報。

7

付出一些勞力，就可以將簡單食材，製作成金黃色的硬皮麵包。製作酸種麵包，可以讓我們從社交網路的過熱中冷卻下來。

麵包烘焙，一定可以自學成功，如果生活讓你壓力很大，這絕對是減壓良方。我原本是個勤勉的廚師，但之前從未接觸麵包製作，直到家庭和工作的壓力，最終演變成離婚和失業困境的當下，我遇到了酸種麵包。以前，時間壓得我喘不過氣，焦慮也常伴左右，壓力似乎每天都在增加 —— 直到我下定決心把待辦清單上的項目畫掉，並決定要「烤出有趣的麵包」。我把控制權交給酵母，一心一意、無憂無慮地讓自己沉浸在創造的過程裡，在一天結束的時候，能做出些可口的東西來吃，足以拯救心靈。我放著音樂，一邊心無旁騖製作麵包，很容易陷入所謂的「心流」（flow）狀態；而當我們終於不再注意時間流逝，煩惱就會消失，身心都會深深地放鬆下來。在艱難的時期，酸種麵包讓我在精神和情感上都重新開始，真的很好。

即使你的生活井然有序，光是用自己的雙手製作有益健康、營養豐富且（經過練習後）賞心悅目的事物，那種快樂是無價的，而且它很容易與人分享。麵包是食物分享的終極形式——當你咬下一口自己烤出來、帶著硬脆外皮的麵包，唯一能更令人心滿意足的，就是看著朋友或家人也大口咬下你做出的麵包。

因此這本書的初衷，不只是為了身體健康，我也希望能藉由結合這些簡單的操作方式及配方，盡可能地將這古老的技藝清楚地呈現，讓大家去親近它。成功了就慶祝一下，失敗了就從中學習，你會愈來愈熟悉麵團在指間的感覺。我相信這本書能讓你在短時間內，開始充滿自信地烘焙，並能依照自己所需，製作出極其簡單、變化無限的美好食物。

羅利·艾倫

入門

GETTING STARTED

麵包皮與麵包心

怎樣才是完美的酸種麵包？
在麵包裡頭發生的事，
可能比你想像的更多……

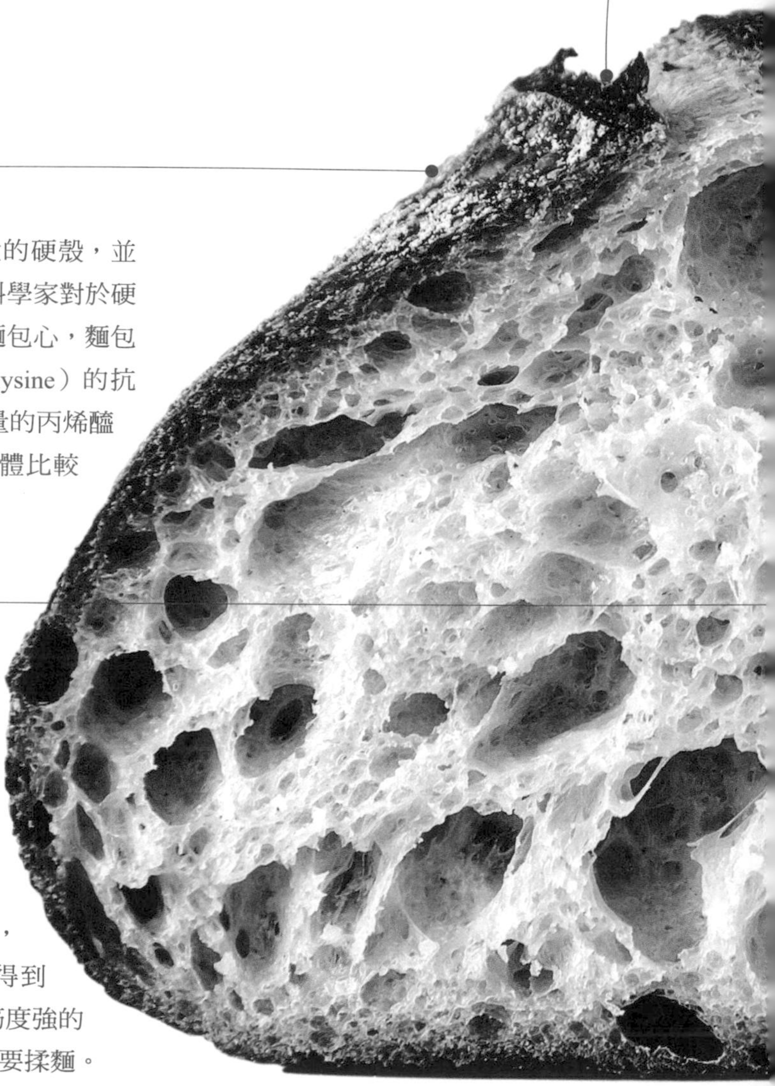

麵包皮（crust）：維持麵包形狀的硬殼，並
在烘焙過程中保持麵包的結構。科學家對於硬
殼的健康成分未有定論；相較於麵包心，麵包
皮富含一種叫做賴氨酸（pronyl-lysine）的抗
氧化物；但同時它也含有非常低量的丙烯醯
胺（acrylamide），那是一種對人體比較
不那麼友善的化合物。

麵包心（crumb）：麵包的內
部。這個圖例的麵包心比較「疏
鬆」，代表其內部的氣泡較大；
這是典型的白麵粉所做出的酸
種麵包心，但稍緊密些的麵包心
也一樣好（且更適合用來做三明
治）。一般而言，全麥和黑麥麵
粉能帶來較緊密的麵包心，還有，
長時間揉麵也會有同樣效果。想得到
大氣泡，需要高含水量的麵團、筋度強的
白麵粉，以及大量折疊，但不太需要揉麵。

割口（score）：這個麵包在外皮上有兩道割口。除了美觀之外，這些割口也會影響麵包品質——它們能在烘焙過程中幫助釋放麵包心的蒸氣及氣體，調節麵包內部的壓力。就把它們當成是漂亮的壓力閥吧！

麵包耳：在烤箱的加熱過程中，隨著割口變寬，部分麵包皮捲曲而形成的構結。突出的麵包耳代表烘焙進行順利，但就算沒有它，麵包也還是可以很美味的。

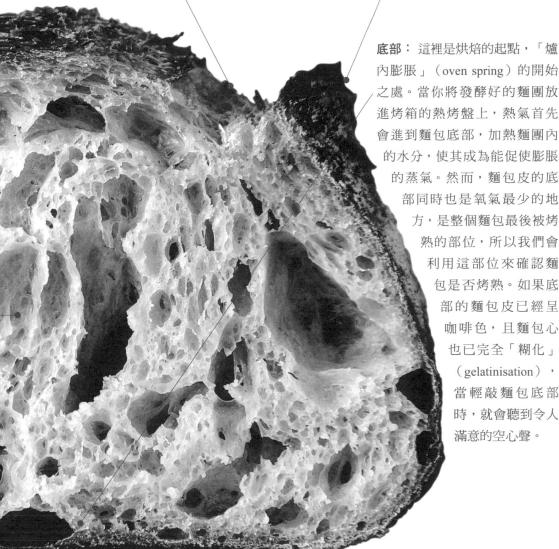

底部：這裡是烘焙的起點，「爐內膨脹」（oven spring）的開始之處。當你將發酵好的麵團放進烤箱的熱烤盤上，熱氣首先會進到麵包底部，加熱麵團內的水分，使其成為能促使膨脹的蒸氣。然而，麵包皮的底部同時也是氧氣最少的地方，是整個麵包最後被烤熟的部位，所以我們會利用這部位來確認麵包是否烤熟。如果底部的麵包皮已經呈咖啡色，且麵包心也已完全「糊化」（gelatinisation），當輕敲麵包底部時，就會聽到令人滿意的空心聲。

麥粒結構

沒有麥，就沒有麵包。如果能對麵粉的來源有更好的了解，就能烤出更好的麵包。每顆麥粒（可以是黑麥、斯卑爾脫小麥、或大麥 [barley]）都有同樣的基本結構，由三個最重要的部分組成：麩皮（bran）、胚乳（endosperm）及胚芽（germ）。

麩皮

這是一層硬殼，用來保護其內充滿養分的麥粒。約 45% 的麩皮為膳食纖維，是健康飲食所不可或缺的成分；只需少量即可維持腸道健康，且能有效減少心臟病、中風及腸道癌症的風險。相較於白麵粉，全麥麵粉包含磨碎的麩皮，因此更加健康，且也是麵粉呈咖啡色的原因。

胚乳

源自希臘文，指稱「種子內部」。在被研磨成白麵粉之前，胚乳會先與麩皮及胚芽分離。胚乳富含能量，因為在自然界中，它本來就扮演著供給種子能量，使其發芽的角色。胚乳中約 80% 是澱粉類的碳水化合物，7% 為蛋白質，4% 為纖維。

胚芽

這是植物的胚細胞，也是在種植後會出芽的部位。全麥麵粉包含胚芽，但白麵粉則不然，因而後者的營養價值較低。胚芽約有 23% 的蛋白質，且富含維生素及礦物質，包含維生素 B、維生素 E、磷、鋅及鎂。

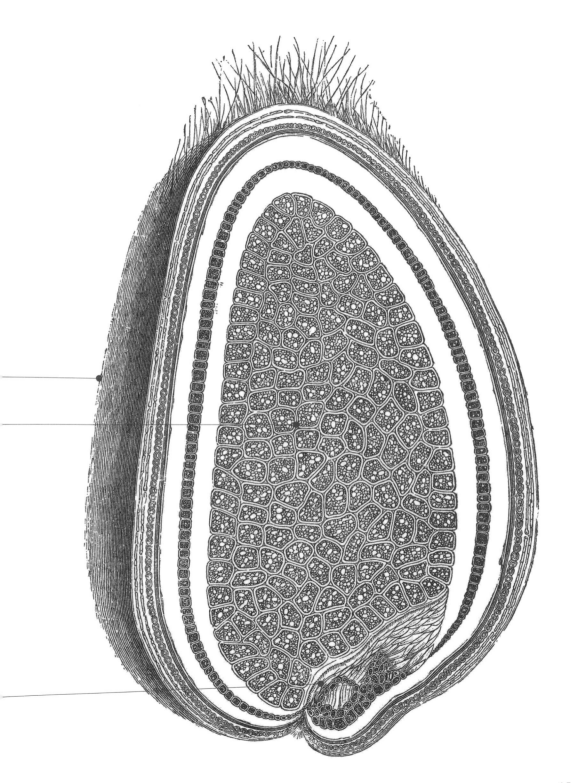

基本起種

創造出起種儀式感的每日指南。

沒有「起種」，就無法製作酸種麵包，且起種得花個幾天才會生效。這讓許多初次想嘗試烘焙的人卻步，但其實不應該是如此。一旦讓一個起種開始運作之後，就可以把它放在冰箱，讓它維持冬眠的狀態，然後在想烘焙的時候再拿出來用。那就讓我們開始吧！

什麼是起種？

起種是活的——又或者更精確地說，是好幾十億個活物種的集合，它們在自己的食物，以及所產出的副產物的混合物間浮游著。酵母是這場秀的主角：它是一種真菌，會吃碳水化合物（糖及澱粉），並將其轉化成二氧化碳和酒精。（未烘焙前的麵團會帶著酒精味，但麵包則不會，因為在烤箱的高溫之下，酒精會被排出麵包之外。）而與這些不停地在吃（及放屁）的酵母共同生活的，是種類繁多的細菌混合體，主要包含乳酸桿菌（lactobacteria）。這個家族有好幾百個成員，它們有個共通點：它們吃碳水化合物時，會產生乳酸。這會使它們的居住環境（起種）變酸，酸到其他細菌沒辦法存活，且大部分的乳酸桿菌都對人體無害或甚至是有益，因此提供了一種保存食物的絕佳方式。如果你曾享用過優酪、公弗（kefir）發酵乳、乳酪、泡菜、醬油或醃菜，或買過頂級

的「益生菌」產品，你就已經享受過乳酸桿菌的益處了，這些好處更甚於野生酵母，這也就是酸種麵包和超市麵包之間最大的不同。

起種是哪來的？

好問題。到底如何開始舉辦這場微生物派對呢？每個酸種麵包師傅，都有其獨特的方法，但都是把野生酵母與乳酸桿菌，植入麵粉和水的混合物來進行的。由於酵母和乳酸桿菌兩者皆存在於我們每日呼吸的空氣中（麵粉裡也有），植入的過程可以只是單純地將麵粉和水的混合物放到室外，保持溫暖，接著再等自然發揮作用就可以了。但這並不好控制，你可能會讓其他細菌偷跑進去而毀了這場秀，所以我採用的方法是使用葡萄乾。葡萄乾是很棒的野生酵母天然來源，加上同樣也是極佳天然乳酸桿菌來源的「活優酪菌」，以這兩者來作為起種。

在酵母和細菌固定不變的情況下，時間則依溫度來決定：如果你有個溫暖的廚房或是通風櫃，與室溫偏冷的情況相較，會進展得比較快。如果你在熱浪當下準備起種，可能可以省下一天的時間；如果天冷，則可能要多等一天甚至更久。別擔心，除非你住在冰箱裡，不然總有一天會得到起種的。

水

高筋白麵粉

天然有機優酪乳

篩子

葡萄乾

果醬罐或保存罐

準備起種

以下介紹你需要準備的材料及器材。
別擔心，説不定你都已經有了！

· 一個果醬罐或食物保存罐（用來放起種）
· 葡萄乾（用來引進天然野生酵母）
· 一大匙天然有機優酪乳（用來引進天然乳酸
　桿菌）
· 高筋白麵粉—— 最好是有機的（讓你的酵母
　和細菌吃好一點）
· 水（用來混合這些材料）
· 一個篩子或瀝網（在葡萄乾發揮作用後，用
　來將其瀝除）

　　如果這些東西都備齊了，那麼，你就可以
開始培養起種。那將會成為你第一個麵包的基
礎。

準備起種

第一天

拿一個乾淨的果醬罐或食物保存罐，容量至少 500 毫升。將優酪乳及 50 毫升水在瓶內混合，接著加入 25 公克麵粉，再混合均勻。最後，加入葡萄乾。把蓋子輕輕覆上（不要蓋緊），將罐子放在溫暖的地方。

小訣竅：在手機裡設定每日定時鬧鐘，這樣你就會記得每天在一樣的時間去查看起種狀態。

第二天

打開瓶蓋，仔細聞聞看，是否有酵母所排出的酒精蒸氣的味道。如果有聞到，就代表起種已經開始作用了，但如果還沒有，也別擔心。再加入 50 毫升水與 25 公克麵粉，攪拌均勻，然後輕輕覆上蓋子，把罐子放回溫暖處。

材料

- 1 大匙（15 毫升）天然有機優酪乳
- 水
- 300 公克高筋白麵粉
- 10 顆葡萄乾

小訣竅：若可以的話，盡量使用有機材料，可以避免材料裡的殺蟲成分殺死細菌及酵母——你需要它們來增添起種的風味。

如果你想做全素起種（不使用優酪乳）的話，請參見第 50 頁的配方。

本書中的所有配方皆是使用這個方法所培養出來的起種。由於起種在組成上可能不同，為了測試書中的配方，我也取來別家手工烘焙坊的起種試做，而最終得到的麵包成果是一致的。

第三天

如果一切進行順利，你會在第三天看到起種混合物的表面出現細小、針孔般大小的氣泡，且聞起來有點酸、甜、帶點揮發物質的味道——這代表你的起種正奮力地活著。如果沒有上述現象，也別擔心，特別是當室溫偏冷時。加入 100 毫升水及 50 公克麵粉，攪拌均勻。把蓋子輕輕蓋上，放回溫暖處。

第四天

到了第四天，你應該要看到並聞到發酵正在進行的明顯證據。可能是充滿氣泡（好現象），也可能聞到酸味（不是不好聞的那種，比較像是天然優酪乳的味道）。你甚至可能嗅到一股輕微的酒精味。無論如何，葡萄乾已經完成了把野生酵母植入混合物中的使命了，把它們拿出來吧！加入 100 毫升水，攪拌，將變稀的混合物用篩子過濾到另一個容器以分離葡萄乾。再把混合物倒回罐子，加入 100 公克麵粉，攪拌均勻，把蓋子輕輕蓋回去，重新放回溫暖處。

第五天

你的混合物應該要是完全活躍的狀態了，充滿著泡沫狀的氣泡。裡頭滿是健康、活躍的酵母及豐富的乳酸桿菌，但它要變稠才容易使用。如果你今天就要用，在裡面加入約 50 公克麵粉，攪拌均勻，放置幾個小時就可以使用。否則，請丟棄約 3/4 的混合物，加入 100 毫升水及 100 公克麵粉到剩下的 1/4 裡面，攪拌成均勻的濃稠膏狀。約 8 小時後，你應該就會有 300 公克充滿活力的起種 ——多於第一個麵包所需的量。接下來，翻到第 32 頁。不過，如果你今天不想做麵包，就把起種放進冰箱，直到你想用的時候再拿出來。

和起種一起生活

起種是活著的，不過，和貓、狗、兔子或甚至電子雞相比，它實在是有夠好養啊！它可以經年累月快樂地活在冰箱裡，而你要用它時，唯一需要做的事，就是在你烘焙的前一天「續養」它：拿出大約 2/3 混合物（可以直接拿來烘焙，如果沒有馬上要用，就丟棄），並以 100 毫升水及 100 公克麵粉加到剩下的 1/3 當中，攪拌均勻，放置在室溫下直到它開始冒泡並再次活化。這可能會花幾小時（若是天氣較溫暖，你可以早上起床時就先續養它，中午後就可以用來烘焙），但這過程絕不應該超過一天。保持蓋子輕輕覆著的狀態，以免小蟲飛進去。

當你取出要用來烘焙的起種時，要補回等量的 1:1 麵粉與水混合物；也就是說，如果配方需要 200 公克起種，就要用 100 公克麵粉及 100 毫升水補回原本的混合物中，然後放到隔天。隔天，你就可以繼續使用起種了，或是如果沒有要用，就再次放進冰箱。

如果你跟我一樣，喜歡一次同時烤好幾個麵包，就會需要較多起種，所以續養時，你得加多一點麵粉跟水進去，記得是 1:1。如果配方會用掉全部的起種，也沒關係，黏在瓶壁上少量的殘餘起種已經有足夠的微生物量，可以用來重新開派對了。

起種擺著不管太久，會怎麼樣？

起種要能用，必須含有營養的酵母和乳酸桿菌，兩者要達到平衡狀態。如果放著不管，沒有續養，它們就會把所有的糖和澱粉吃完，留下黏黏臭臭的泥狀物，那個東西主要是乳酸桿菌——也就是乳酸。如果把起種放在冰箱，這過程會非常緩慢地進行，但在室溫下，只需要幾天。如果起種已經變成這樣（它還沒死呢，只是狀態有點不好），就把 3/4 起種取出來丟掉，再加入約 100 毫升水和 100 公克麵粉，攪拌均勻。大約一天左右（如果天氣溫暖會更短），起種就能重新達到平衡，可以再次拿來使用。起種看起來應該是有氣泡、黏黏的，不是稀爛的。

我曾經很努力要殺死冰箱裡的起種，但從來沒成功過。我還聽過有個麵包師傅把起種放在冰箱裡五年沒管它，都還可以續養成功！不過，如果把起種放在室溫下一週，並且都沒有餵食，就有可能殺死起種。最後它會變成很噁心的爛泥，全部丟了吧！重頭開始。

從溼麵粉
到硬殼酸種麵包

當你了解麵團裡發生了什麼事，
烤麵包就更加滿足了！

從麵粉變成麵包，這個過程裡發生了很多事，但許多是我們的肉眼看不見的。所以，開始之前，花一些時間閱讀本章，了解烘焙的魔法吧！（嚴格來說，這是生物學及化學，但在水、麵粉、起種和鹽的交互作用下，或許算得上是某種魔法？）

攪拌

麵粉是神奇的東西。大多數的粉末，和水混合在一起時，就會變成糊糊的一團，無論怎麼繼續操作它，它都會是糊糊的狀態。不過，當麵粉中的澱粉遇到水時，會開始反應，形成可以整型、操作的麵團，這是種稱作「自我分解法」（autolysis）的奇特過程。當起種加到麵團裡時，其中的酵母和乳酸桿菌立刻會開始消耗麵粉中的碳水化合物，開始繁殖且在麵團中產生乳酸及二氧化碳。鹽則會帶來獨有的效果：鹽分子會閂住麵粉中的麩質或又稱麵筋（gluten）分子的一端，使它們能形成長鏈，並使麵團變得比較不黏且更有彈性。

揉麵、折疊及整型

「揉打麵團」是在重組它的麵筋分子，以使能形成長鏈。有點像是用數十億個細小彈簧，把麵團撐起來。我們沒辦法真的看見這過程，但可以用手指感覺到——那溫和有彈性的觸感，正是揉打麵團之所以能療癒靈魂的原因。相較於使用乾燥或商用酵母的傳統烘焙，酸種麵包在製作上通常只需要少量的揉打——這技巧通常被稱作「拉伸法」（pulling and stretching），所以小心不要揉打過頭，造成斷筋。大家都愛裡面有大氣泡的酸種麵包，「折疊麵團」的步驟有助於包入空氣，使最後烤出來的麵包有很棒的孔洞。最後，「整型」可以將一團麵團變成有形狀及上下之分的麵包，也能把麵團表面繃緊，好得到表面圓滑且帶嚼勁的麵包皮。

接下來介紹的基本配方，包含了將這三步驟結合在一起的簡易手法，只需要花 1~2 分鐘。其他方法則是將這些步驟分開。每個麵包師傅都有自己的方式，所以當你對本書提供的基本技巧已經熟悉了之後，可以盡量嘗試看看別的方式。

發麵（rising／proving）和鬆弛

這是你該放手，讓麵團自己長大的時候了。此時酵母會排出二氧化碳，形成數百萬個細小氣泡，這些氣泡會被有彈性的長鏈麵筋網絡（在揉麵、折疊，還有鹽分子的幫助下形

的過程），而外層會乾燥並氧化，形成硬脆又有嚼勁的麵包皮。

此時，在爐內的蒸氣會加速熱量傳遞，並使麵包皮在麵包烤好前不至於烤焦。

冷卻

剛出爐的麵包看起來很誘人，但是，最佳的品嘗時機是出爐後的一小時。當麵包慢慢冷卻，麵包心的分子會穩定下來並互相連結，麵包因此變硬並容易切片。而且，風味也會在這個階段發展成形。所以，如果你很想要一口咬下剛從烤箱裡拿出來的麵包，請忍耐一下吧！

好不容易努力讀到這裡，現在可以動手烘焙了！

成），固定在麵團裡。同時，乳酸桿菌會為麵團增添獨特的香氣，並使麵包更容易被消化。最後，麵團的表面會略微變乾，初步成為麵包皮。麵團會自己完成這些步驟，你只需要確定它是在舒適、溫暖的地方，並給它足夠的時間。然後你就可以休息個幾小時。

烘焙

在熱烘烘的烤箱裡，麵團內的水分會快速蒸發變成蒸氣。在折疊時形成的氣泡會變大，充滿熱蒸氣並且膨脹。麵包在此時會被撐得像個氣球，在十分鐘內，它會向外膨大到該有的大小。

這神奇快速的麵包長大過程，被稱作「爐內膨脹」。在接下來超過三十分鐘左右的時間，被加熱了的澱粉和水會更進一步反應，形成強韌、溼潤的麵包心（一種被稱為「糊化」

有鹽好辦事

鹽絕對是必要的材料。它不只會為麵包帶來風味（沒加鹽的麵包吃起來很恐怖），也會幫助麵筋發展並形成更強韌有彈性的麵團。不過，太多鹽會抑制酵母作用。所以小心別讓鹽直接接觸到起種，謹慎秤量用量，並將其與乾麵粉充分混合均勻後，才加入起種和水。一定要用細鹽，因為粗鹽的大塊結晶無法均勻地分布在麵團裡，會毀掉麵包的風味。

技巧：揉麵

本書的大部分配方使用的是簡單的「拉伸－折疊－轉向」的動作來揉麵（參見第 35 頁），所以接下來，當需要揉麵時，就先使用這個基本方法吧！

說到製作麵包，大家可能就會想到「揉麵」，揉麵是最容易和麵包烘焙聯想在一起的技巧，同時也確實是一些厲害的麵包師傅（通常會操作非常溼的麵團）極為認真看待的步驟。話雖如此，也不用把它想得太複雜，可以單純地運用「拉伸、折疊及轉向」的基本步驟，將麵團內的麵筋分子組合起來，讓麵團從黏黏的狀態變成光滑的球狀。

1・在工作檯上撒一層薄薄的手粉，避免麵團沾黏。取出麵團，放到工作檯上。

2・用手指將麵團撥開。

3・接著，一手固定麵團，另一手把麵團往自己身體的方向拉伸。

4・將拉長的麵團折疊回去。轉90度（1/4圈）。

5・重複以上步驟。每操作一次，麵團就會變得更光滑、有彈性。在之後的配方中，會再個別說明所需的揉麵時間。

6・揉麵完成後，用刮板將麵團整理成乾淨的一團，準備放進發麵籃（proving basket／banneton）。

技巧：折疊

本書中大部分的配方，將會使用到第 35 頁的動作，那是個簡單的折疊法，可以多加使用。它能讓麵團出筋，但比一般揉麵動作要來得更輕柔些。

許多麵包配方中，都會建議折疊麵團，而非揉麵，且通常需要進行好幾次。最終的結果和揉麵是一樣的（麵筋分子會接在一起，使麵團變得光滑有延展性）。本書使用的動作更加輕柔，更不容易有揉過度出現斷筋的狀況。如果麵團很溼黏，這個方法也比較容易操作。在這個步驟裡，被包進麵團的氣泡會被拉伸，麵包烤好之後，能從麵包心看出成果。

1‧在工作檯撒上一層薄薄的手粉。用手指輕柔地將麵團拉伸成 25 公分×25 公分左右的正方形。

2‧將正方形的 1/3 往內折，將空氣包進麵團裡。

3・將另一邊 1/3 也往內折，同樣以將空氣包進去的手法。我們現在得到一個 3 層的長方形，長約 25 公分，寬約 8 公分。

4・將靠近自己的那一端往上折 1/3。

5・接著再把另一端往下折，至此我們得到了 9 層的圓球狀麵團，裡面包著許多空氣。

準備做麵包

酸種麵包的美好，就在於它的簡單，
只需要最基本的器材，就可以進行。

· 2 個攪拌盆
· 廚房用秤
· 量匙
· 高筋麵粉
· 細鹽
· 水
· 起種（起養 5 天，應該要充滿氣泡且有活
　力）
· 少許植物油或葵花油
· 2 條乾淨的布（廚房擦巾）
· 一個烤盤或烘焙石板（烤披薩用的那種）
· 剪刀
· 隔熱手套
· 冷卻用冷卻架

　　在之後的第 42~43 頁，我還會介紹其他工
具，能讓你發揮創意，但現在你只需要上述器
材，就已經可以開始做麵包了。

做麵包最關鍵的「材料」，其實是時
間。好幾天的養種時間，賦予起種神
奇力量，而起種和麵粉與水相遇後的
幾小時，黏黏的麵團會轉化成美味的
麵包。因此，千萬不要失去耐心，酸
種麵包急不得，學著愛上這一點。你
將會習慣事先計畫，設法處理預期外
的延誤，並享受那種看著麵包一步步
接近完成的期待感。

隔熱手套

放涼用網架　　　乾淨的布 × 2

植物油
或葵花油

細鹽

水

烤盤
或烘焙石板

剪刀

攪拌盆 × 2

量匙

廚房用秤

高筋白麵粉

起種
（起養 5 天）

你的第一個
基礎酸種麵包

只需不費吹灰之力的簡單技巧，就可以製作出美味的麵包。使用最少的材料及最基本的器材，就能得到那種讓人想一烤再烤，風味豐富、有嚼勁的麵包。接下來，我們要來做一個大型圓麵包。

開始之前

　　首先，確定起種是充滿氣泡與活力的狀態。

　　接著，確定你已經好好讀完前面的內容。如果能理解步驟背後的目的，烘焙將會有更多樂趣。不要被步驟的數目嚇到了，其實一點都不複雜，可以輕鬆地一一達成。

　　最後，做個簡略的一天計畫。實際上，你並不用一直操作麵團，但你的確得要查看個幾次，所以，不太可能連續幾小時不進廚房。然而，就算揉麵或折疊的時機遲了點，也別擔心，酸種麵團的容忍度很高，而且發麵至少會花 3 小時，那時我們大可完全不用管它。

材料

- 200 公克起種
- 300 毫升室溫或微溫的水
- 500 公克高筋白麵粉，外加手粉要用的量
- 10 公克（2 小匙）細鹽
- 少許植物油或葵花油
- 防沾用米穀粉（選用）

1·秤量起種,將它放進最大的攪拌盆裡。加入水,以叉子或打蛋器攪散,使其均勻溶於水中。

2·取另一攪拌盆,將麵粉跟鹽混合。

3·把混合好的麵粉和鹽加進混好的起種水裡。用手(如果偏好用木杓也可以),將所有的材料拌勻成黏麵團。把攪拌盆內壁的麵團刮乾淨。

4·拿一塊乾淨的布蓋在上面,放置 30 分鐘。這時候,清潔一下剛才用來混合麵粉和鹽的攪拌盆,在盆裡抹上薄薄一層油。

小祕訣:如果沒有計時器,可以用手機裡的倒數計時功能來提醒時間。

5‧用手指沾點乾淨的水，以避免麵團沾黏，然後把手指伸到溼麵團的下方，把麵團和盆壁分開。將麵團底部的一角往上拉起。

把拉起來的部分往麵團中心折疊。把麵團由下往上疊的時候，要把空氣包進去。

將攪拌盆轉 45 度，一樣從底部向上拉起一角，進行同樣步驟。你應會慢慢感到麵團質地改變，變得較平滑、不黏，且更有彈性。

重複步驟，直到操作完整個麵團，此時麵團被集中到攪拌盆中央，遠離四周盆壁。

6‧把手輕輕放到麵團底下，從盆裡小心地把它拿出來。再輕輕地放到抹過油的另一個攪拌盆裡。蓋上一條乾淨的布，讓麵團鬆弛 10 分鐘。

7‧這時，把剛才放麵團的攪拌盆刮乾淨，清洗並擦乾。拿另一條乾淨的布，鋪放進盆裡，在上面撒一層麵粉（米穀粉最好）防止麵團沾黏。

8‧10 分鐘鬆弛時間到了之後，直接在放麵團的攪拌盆內，用步驟 5 的方法整型麵團。這次麵團應該比較不黏且更容易操作。盡可能每一次都平均、對稱地拉折麵團，這會影響麵包的形狀和質地。再讓麵團鬆弛 10 分鐘。

9‧重複步驟 8，至此，我們一共進行了 3 次 45 度的折疊操作。這時大概已經過了一個小時，不過，如果你進行得較快或慢，也沒有關係。

10 · 把手輕輕放到麵團底下，從盆裡小心拿出來。把它放在步驟7的攪拌盆裡。這時，可以用手機拍張照，記錄麵團的大小。然後用另一條乾淨的布蓋住攪拌盆，放到溫暖的地方。現在就是你放鬆休息，讓酵母接手工作的時候。

11 · 讓麵團發麵至少2小時，依環境溫度高低不同，可能需要更長的時間。它會非常緩慢地開始膨脹。如果有拍照，這時就可以用來判斷麵團膨大的程度，當它長到原本的1.5倍時，在麵團側邊輕輕戳一下，觀察指尖在上面留下的小凹痕：如果感覺紮實，而且麵團立刻就彈回來，凹痕變得不明顯，代表麵團還沒發好。30分鐘後再試一次。如果麵團只彈回一半，凹陷的痕跡在戳完之後維持了大約5秒，就是該預熱烤箱的時候了！可以繼續進到下一個步驟。不過，如果麵團被戳了之後沒什麼回彈，而且感覺很鬆垮，就要趕快進行烘焙，以免麵團發過頭。

12 · 預熱烤箱 220℃（或旋風模式 200℃）；瓦斯烤爐刻度 7。把烘焙石板或烤盤放到烤箱中層一起預熱。用另一個烤盤盛裝 250 毫升煮沸的熱水，放進烤箱底層，讓烤箱裡充滿蒸氣。

13 · 烤箱達到預熱溫度後，拿出剪刀、隔熱手套及麵粉。把石板或烤盤快速拿出烤箱（小心！開烤箱的時候，會衝出一團蒸氣），接著馬上關上烤箱門以保持熱度。輕輕把麵團倒到石板或烤盤上。這時的麵團應當非常柔軟，像個懶骨頭抱枕，並有非常細緻光滑的表面。在麵團上撒一層薄薄的麵粉。接著，用剪刀劃出 4 道約 2 公分深的切口，形成一個正方形。把石板或烤盤放回烤箱，繼續計時 10 分鐘。

14 · 烘烤 10 分鐘後，打開烤箱快速查看。麵包應該要非常明顯地膨大，切口的部分會裂開，並出現橘色的烤色。如果麵包的後端顏色比較深，就把烤盤對調 180 度讓烤色均勻。檢查烤箱的底盤裡是否還有足夠的水，如果不夠就需要補充。整個過程應該在 10 秒左右完成。關上烤箱門，把溫度調到 180℃（160℃旋風模式）；瓦斯烤爐刻度 4，再計時 40 分鐘。

15 · 烘烤時間結束，把麵包拿出烤箱，它應該要有深咖啡色的脆皮。用隔熱手套把麵包拿起來，查看底部，如果是均勻的咖啡色，稍微用力敲敲看。如果是空心的聲音，代表烤好了；如果不是，或是底部的外皮看起來還沒有完全烤好，把麵包放回烤箱，再烤 10 分鐘，然後再測試一次。

16 · 麵包烤好後，拿出來放在冷卻架上冷卻──不要立刻吃。這時一定要忍住，因為麵包在冷卻的時候，烘焙過程其實仍然持續者，要約一小時之後，才會達到最佳狀態。

發揮創意

GETTING CREATIVE

工具

雖然無須使用專業器材，就可以做出很棒的麵包，但有一些小工具，能讓麵包變得更美，且製作的過程更輕鬆。

以下這些工具，是以有用程度排序的。我發現用烘焙石板烤出來的成果，比用金屬烤盤烤出來的結果好太多。而發麵籃和麵包模能讓整型和發麵變容易，且讓麵包更漂亮。這些用具都不貴，只要烤個幾次就回本了。

烘焙石板

通常也稱作「披薩石板」，適合用來取代金屬烤盤。以厚實的石材製成，比金屬更能蓄熱，讓麵包可以更明顯地在烘焙開始的前幾分鐘就發生「爐內膨脹」，且能幫助底部形成更完美的麵包皮。

發麵籃

專門用來發麵，可以讓麵團在發麵期間維持形狀。它的法文「banneton」也是常見的稱呼，這種籃子可以直接使用（能讓麵包皮有獨特的條狀花紋），也可以加一層布（讓麵皮外皮比較光滑）。無論有沒有布，把麵團放進去之前，都要在籃子裡平均地撒上一層米穀粉，或是粗麥粉（semolina）。也可以用一般麵粉，但米穀粉對麵團裡的水分抵抗力較好，比較不

會讓麵團黏在籃子上。要進烤箱的時候，我們會把麵團倒到烘焙石板或烤盤上，所以麵團會上下翻轉（籃底的部分變成在上面），就不用再整型了。使用完畢後，留在發麵籃裡的麵粉不用洗掉，隨著反覆使用，發麵籃會愈來愈「不沾」。專業的烘焙師認為，發麵籃在使用10~12 次之後，會達到最好的狀態。

麵包烤模

一個防沾的麵包烤模能讓你烤出容易切片，或是拿來做三明治的方形麵包。

烤模也可以用來讓麵團保持特定形狀，只要把溼麵團放在裡面發麵，再直接送進烤箱就可以了。有些麵包烤模附蓋子，有助於烤出麵包皮。如果要用使蓋子，就在進烤箱時蓋上蓋子，烘烤 10 分鐘後，麵包膨脹了，再把蓋子拿掉。

刮板

這個樸實的道具，其實就是個方形有圓角的簡單塑膠板，但它可以讓溼麵團的操作變得更簡單、乾淨且整齊。它也很適合用來刮掉工作檯上頑固的乾麵團。

割刀（Lame）

這是個有握把，上面有像刮鬍刀一樣小小薄刀片的工具，用來在麵團上劃切口。它能漂亮地切開，而不是撕裂麵團，因此能讓麵包裂口整齊。使用時，切進麵團 1~2 公分深，才能讓麵團的表皮分開，但也不要刺太深。（順帶一提，「Lame」這個字的韻腳是法文「刀片」的意思。）

刷子

矽膠刷是在烤模裡抹油，或是在麵包上刷亮面最合適的工具。小油漆刷則適合用來在麵團上或是在發麵籃裡刷粉。

適合加進麵團
的好東西

在麵包皮或是麵包裡，來點額外的小驚喜。

加在麵包皮上

芝麻籽、亞麻籽、燕麥片及葵花籽，都能為麵包加分。最簡單的方式，就是撒 1~2 小匙在發麵籃裡，再把準備要發麵的麵團放進裡面：隨著發麵過程進行，它們就會黏在麵團外皮，之後就如一般步驟直接進行烘焙即可。其他帶著更強烈風味的種子，如藏茴香（caraway）、小茴香（fennel）或洋蔥，也可以用同樣的方式添加，但它們的風味比較強烈，所以要稍微留意用量。

乳酪也可以是個美味的添加選項，但如果烤太久可能會焦。所以最好先以所需烘焙時間較短的麵包來試試，如薄麵餅或小麵包，並在烘焙過程中勤加查看乳酪的狀態。如果看起來快燒焦了，就在麵包上面輕輕蓋一張錫箔紙，直到所剩的烘焙時間結束。

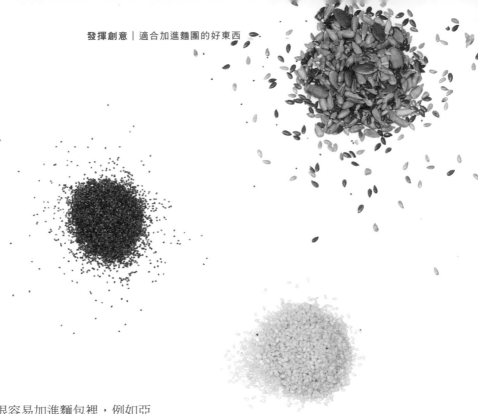

加進麵包裡

　　許多乾食材都很容易加進麵包裡，例如亞麻籽及葵花籽。只要在製作麵團時，把它們和麵粉與鹽混合在一起就可以了。如果喜歡麵包裡有很多種子，用這個方式就可以加入很多，最後會得到一個比較重、比較厚實（但美味又營養）的麵包。

　　一般葡萄乾或淡黃無籽葡萄（sultanas）能讓麵包的甜度大大提升，切碎的橄欖或日晒番茄乾則能帶來地中海風味──加進麵團前，請用廚房紙巾把浸泡的汁或橄欖油吸乾。也可以剪碎一些羅勒葉加進麵團，或是乾燥的奧勒岡（oregano）、百里香（thyme）或迷迭香（rosemary），但注意不要加太多，香料植物很容易會搶走麵包的風味。另外，新鮮水果或蔬菜，或任何含脂肪的食材如乳酪，還有燕麥等等，會在烘焙過程與麵團起作用，要小心添加，不然就要以實驗精神來進行！本書的配方裡還有添加蘋果、甜菜根、巧克力、橄欖及日晒番茄乾的麵包。

創意麵包皮

手工酸種麵包吸引人之處,有很大一部分是因為美麗的麵包皮。為麵包帶來獨特外觀的方式很多,現在就來介紹幾種。

撒粉

　　麵團放在烘焙石板上後(若使用麵包烤模,則是當發麵完成後),在切割花紋前,可以在麵團上撒粉,且以幾個簡單的技巧,就能達到驚人的效果。白麵粉在烤箱內會氧化,帶來與麵包皮深灰及咖啡色調的美麗對比,而粗麥粉或玉米粉則會烤出淺咖啡偏黃的顏色,及帶顆粒的質地。它們都不會影響麵包的口感或麵包心。

　　無論撒什麼粉,都要小心不要撒太多:薄薄撒上一層,並輕輕把多餘的粉刷掉。乾淨且乾燥的油漆刷(約4~5公分寬)是最適合的工具。如果還想加點創意,可以用模板讓粉在麵團上呈現圖案,烘烤完成後,圖案就會留在麵包上。

　　撒好粉,再用鋒利的割刀或剪刀劃出切口後,就可以進烤箱烘焙了。撒粉的部分將和切口花樣形成美麗的對比,這也是酸種麵包的特色——賞心悅目又美味。

亮面

　　要讓麵包皮的表面呈現光亮質感，有幾種方式，最簡單的是用牛奶。倒 3~4 小匙牛奶到馬克杯中，拿出刷子（矽膠烘焙用刷或乾淨的油漆刷）放在一旁備用。當麵團放到石板上時，快速把牛奶均勻刷滿整個麵團外皮──任何沒有刷到的部分，就不會有光面。接著，在麵團上劃出切口，放進烤箱。

　　若不想要用牛奶，可以試試傳統的黑麥亮面。離發麵階段結束前大約 1 小時，取一小鍋，煮沸 200 毫升水，離火後等約 2 分鐘，待溫度降到 90℃ 左右，加入 50 公克淺色黑麥粉，攪拌直到呈現膠狀。麥粉內的澱粉會與熱水作用，形成滑順的膠狀液體。麵團送進烤箱前，把黑麥膠刷在整個麵團上（可能需要加一點水稀釋，比較容易操作），再劃切口。

劃切口！

　　小麵包或麵餅不需劃切口，但大部分的麵包都需要。這個步驟是必要的，而且也能讓你趁機發揮創意，加入個人風格。

　　麵團必須要有切口，烘焙時，蒸氣及熱空氣才能從麵團內部逸出。如果麵團上沒有切口，當麵包皮在烘焙過程中形成時，就會把麵包密封，讓麵包心沒辦法好好膨脹發展，最終烤出一塊又硬、又韌，又溼的麵包。所以，用鋒利的刀、剪刀或麵包割刀來劃切口，不但很重要，同時也能製造出漂亮的外觀。切口要平均分布，才能使熱氣從麵包心裡均勻散出。

　　在中世紀，麵包是在公共烤箱烘焙的，劃出不同的切口，可以讓每個人認出自己的麵包。盡情發揮創意，切劃出你的獨特圖案吧！

三種用來創造
獨特麵包皮的方式

發麵籃線條

在木製發麵籃中仔細撒粉,然後把麵團放進去
發麵。烘焙完成後,麵包就會出現這種獨特的
紋路。

亮面處理

這個麵包在劃切口前，以牛奶刷過表面，所以麵包皮看起來是乾淨且平滑的。雖然切口有些偏離中心，造成形狀不太對稱，但並不影響美味！

鋪布發麵籃

如果不想要條紋圖案，可以在發麵籃裡鋪一塊布再撒粉，粉就會平均布滿麵團表面。

可替代的起種

起種並非一成不變,增進風味很簡單!

一旦烤過幾個麵包,且對基礎技巧有點自信以後,你可能會想要試試新東西。這裡提供一個簡單的玩法——把起種移到不同食材上繁殖。以下的起種變化,能帶給麵包細微的風味差異。做實驗的時候到了!

黑麥起種

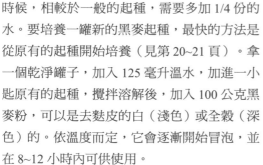

使用黑麥起種,是能將黑麥濃烈風味帶進烘焙中的經典方式。黑麥粉比小麥粉更吃水,所以在續養的時候,相較於一般的起種,需要多加 1/4 份的水。要培養一罐新的黑麥起種,最快的方法是從原有的起種開始培養(見第 20~21 頁)。拿一個乾淨罐子,加入 125 毫升溫水,加進一小匙原有的起種,攪拌溶解後,加入 100 公克黑麥粉,可以是去麩皮的白(淺色)或全穀(深色)的。依溫度而定,它會逐漸開始冒泡,並在 8~12 小時內可供使用。

黑巧克力起種

黑巧克力起種使用少量可可粉,因此除了酸味,還會多一個獨特的濃烈苦味。要培養一罐新的黑巧克力起種,最快的方法是從原有的起種開始培養(見第 20~21 頁)。拿一個乾淨罐子,加入 125 毫升溫水,加進一小匙原有的起種,攪拌溶解後,加入 25 公克(不含糖的)可可粉及 75 公克石磨高筋白麵粉。依溫度而定,它會逐漸開始冒泡,並在 8~12 小時內可供使用。續養時,用一般的混合物就可以了。

豆知識:「發酵」也是巧克力製作過程中重要的步驟,就和製作酸種麵包一樣。

素食極簡起種

這是一種最傳統的起種,完全仰賴於懸浮在空氣中的細菌及野生酵母。但我們完全無法預測所需時間,而且有時候,在乳酸桿菌成為混合物中的主導菌之前,其他細菌就已經先一步讓混合物分解腐壞了。但這是 100% 純素食起種,無須使用優酪乳,且要用有機全麥麵粉,因為,相較於白麵粉或非有機麵粉,有機全麥麵粉可以帶來更多野生酵母。

在罐子裡放入 50 毫升溫水及 50 公克麵粉,用手指混合均勻,放置在溫暖處,輕輕覆著蓋子,不用蓋緊。第二天,再加入 50 毫升溫水及 50 公克麵粉。第三天,重複第二天的步驟。第四天,丟棄 2/3 混合物,再加入 50 公克麵粉及 50 毫升水。接下來的每天,大約都丟棄 1/2 原混合物,並加入新的麵粉和水 1:1 的混合物 100 公克,直到起種冒泡並充滿活力。這可能會花上幾天,特別是在寒冷的時候。

黑巧克力起種　　　　　　黑麥起種　　　　　　素食極簡起種

麵粉好好玩

使用不同的麵粉來烘焙酸種麵包，或是用它們來自創混合麵粉，創造出不同風味與質地的麵包。

有機、石磨（盡量）

如果可能，盡量選用有機麵粉。不只是因為有機耕種對環境較友善，且少了殺蟲劑，產出的穀類有較多的天然酵母和益菌，做出來的麵包營養成分會稍高，對身體更好。同樣地，盡量選擇石磨麵粉（而不是工廠研磨），那有較高含量的胚乳及纖維，也有更多的的野生酵母及細菌（通常會被工廠研磨滾筒的高溫殺死），也能提升風味及營養。不過，如果找不到有機石磨麵粉，也儘管動手做，你還是可以烤出很棒的麵包。

高筋白麵粉

做麵包，一定要使用「高筋」麵粉，而非「通用」麵粉。高筋麵粉有較高的麵筋蛋白，這些長鏈、堅固的分子能隨著大氣泡在麵團裡形成，帶給麵包那種輕盈、充滿空洞的結構。高筋白麵粉相較於高筋全麥麵粉，纖維比較少，且有高含量的麵筋蛋白，因此比較容易操作，是入門的好選擇。它和其他麵粉也能互相混合得很好。所謂的黑麥或全麥麵包，通常也都含有一定比例的白麵粉。

剛開始烘焙，請先固定使用同一個品牌的麵粉幾次，直到你已熟悉它的觸感以及表現。不同品牌的麵粉會有不同表現，因為不同品系的小麥或黑麥，會使產出的麵粉有些微不同的性質，尤其是吸水速率。在撰寫本書配方時，我都是先用英格蘭泰特伯里（Tetbury）附近的希普頓（Shipton）磨坊所產出的有機麵粉試做，然後再用一系列其他高筋麵粉，包括超市的自有品牌來進行測試。

加拿大的高筋白麵粉有很高含量的麵筋蛋白，能烤出非常棒的麵包——儘管可能很難找到有機的品牌。

全麥麵粉

　　全麥麵粉能烤出具咖啡色、高纖且非常營養的麵包。高纖飲食對人體有益，膳食纖維對於健康腸道菌群，扮演著關鍵角色。它不僅對腸道益菌而言是很棒的食物，同時也是丁酸酯（butyrates）很好的來源，那是種能供給腸道細胞能量，並減少發炎，保持消化系統舒適的短鏈脂肪酸。

黑麥

　　黑麥是一種生命力比小麥更強的作物，能生長在貧瘠的土壤，能適應惡劣的氣候。我住在波蘭時，愛上了一種叫「chleb żytni」的黑麥麵包，那是當地的日常麵包，有著白麵粉和黑麥粉混合在一起烤出的獨特風味。波蘭人吃很多黑麥麵包，不過黑麥粉在德式、斯堪地那維亞式及法式烘焙（鄉村麵包常含有約10%的黑麥粉）中也有廣泛的使用，並在近年來因傳統麵包被重視後，又再度崛起。黑麥粉因麵筋含量低，並無法像小麥麵粉一樣有明顯的膨發，所以有高黑麥粉含量的麵包會較緻密且有嚼勁，也同樣美味。

斯卑爾脫小麥

非常接近一般小麥的品種，已經被種植了幾千年。它比其他種類的麵粉難掌控，因為由斯卑爾脫小麥麵粉製成的麵團，比一般小麥麵團膨發得更快，過發之後會塌掉，造成緊密、結實的麵包心。因此，我會建議先和白麵粉麵團混熟了，有自信之後，再來挑戰加入斯卑爾脫小麥粉的麵團。許多人覺得斯卑爾脫小麥比一般小麥更好消化，因此它很常被加進酸種麵包的麵團裡。

認識麵筋

麵筋就是一種叫「麩質」的蛋白質家族。近年來，隨著「無麩質」食品頻繁出現在商店及咖啡店的菜單，它被嚴重汙名化，被廣泛認為是種不健康的東西。許多人的確對高麩質含量的食物（包含白麵包）有消化不良的問題，但問題的來源並不盡然是從麩質本身，而是工業化的快速烘焙過程所造成的。手工製酸種麵包，因其長而緩慢的發麵過程，對腸道造成的負擔較小。所以，就算你對一般麵包有消化問題，還是可以（小心地）吃一小塊手工酸種麵包看看。

麩質在烘焙中扮演重要角色。不同麵粉的麩質含量差別很大，這也是為什麼我們要用高筋麵粉，也就是麩質及其他蛋白質含量高的麵粉作為麵團的基礎。

使用麵包烤模

本書中有很多種配方，都可以使用麵包烤模來做。你可以用麵包烤模來取代發麵籃，把麵團放進去發麵，然後直接送進烤箱。不過，請特別注意以下事項：

首先，請選用有不沾塗層的麵包烤模。沒有什麼比剛烤出來、膨發完美的麵包，底部卻牢牢黏在模裡的景像更令人挫折的了，你得破壞這個麵包，才能吃到它。為了延長烤模的壽命，不要對它使用金屬工具，在清洗時應必免過度用力刷，當防沾塗層漸漸損耗而無效後，

就把它拿來做其他用途，直接買個新的吧！我的第一個麵包烤模，現在過著精彩的下半生——成為烤箱裡提供蒸氣的水浴盆。

請記得，大部分酸種麵包麵團，都又溼又黏，而且會在模中停留很長的時間。最好在麵團放進烤模之前，好好抹上一層油脂。可以用奶油的包裝紙（我總是會留幾張放在冰箱），或是在烤模內側刷上植物油。建議使用葵花油等較沒有味道的油，如果想要讓麵包皮來一點迷人的地中海風味，也可以試試橄欖油。用烤模來發麵，就不需要額外的發麵籃或盆子了——在整型階段，盡可能把麵團整成符合模的形狀，然後輕輕地把它放進抹過油的模裡。蓋上蓋子或布，然後放在溫暖的地方發麵。

當準備要進烤箱烘焙時，一樣先預熱烤箱，水盤裡放熱水，麵團表面撒粉，劃 1~2 個切口，接著把烤模放到烤箱中層。雖然麵包烤模能讓麵包有整齊的形狀，但無法查看麵包底部，判斷麵包心是否烤透。烤模同時也會減緩底部及側面的麵包皮形成。因此，最後要把麵包從烤模裡拿出來，再烤 10 分鐘左右。只要麵團沒有黏在烤模裡，這個步驟就會很容易：烘焙約 30 分鐘後，從烤模裡把麵包拿出來，快速檢查一下底部（敲敲看），然後直接放回烤箱，繼續烘烤直到完成。

有關配方

日晒番茄乾及
黑橄欖酸種麵包：
見第 96 頁。

當你迫不及待要踏上這趟令人興奮的烘焙旅程時，請記得，酸種麵包烘焙既是科學，也是藝術。以下要點，能幫助你熟練這門技藝的雙重面向。

時間不停流逝，也不會因為我們在製作麵包而留步（雖然我也希望如此）；家用廚房的溫度時高時低，預測發麵所需的時間從不是件容易的事。本書中的配方都是以「高容忍度」的原則來設計的，無論氣溫如何，或是在過程中有所延遲，成果都會不錯。工業化的麵包工廠因為每天得烤出幾百或千條一模一樣的麵包，烘焙流程排得很緊；而我們自己在家做麵包，一次只會烤一、兩個麵包，所以請放鬆心情，讓自己開心就好。

每個烘焙老手都有一套自己偏好的攪拌、揉麵及鬆弛流程，我也不例外。本書中的配方，烘焙流程都是類似的，那不只能幫助你快速熟悉步驟，也讓你能夠一起準備及同時烘焙出幾個不同的麵包，達到充分利用時間的目的。基於同樣的理由，我提供的配方，烘焙溫度和所需時間也都一樣——這些麵包會很開心共用烤箱的。

熱量

商業化烘焙坊使用的是溫度和蒸氣能被嚴密控制，且加熱均勻的大型烤箱。家用烤箱的溫度設定多半只是近似值，所以如果麵包的烘烤時間比你預期的稍快或慢，也不用覺得奇怪。旋風烤箱最熱的部位通常是在後方，如果麵包放得太裡面，容易烤焦。所以盡量把麵包靠外面擺放，並在烘焙過程中至少前後調轉一次，以確保均勻上色。

酵母及起種

起種的活性取決於起種內的酵母菌株狀態。上次餵養的時間點、用什麼來餵養，保存時間及室溫（溫度上升 5 度，酵母的工作會快兩倍）都會有所影響。要能靈活並關注麵團發麵時的膨發狀態，而不能只是照著時間進行。老起種會比新起種來得更可靠（許多烘焙坊對他們幾十年的老起種可是很自豪的），隨著時間過去，你的起種也會愈來愈可靠及可預料。

事半功倍
的訣竅與技巧

分量加倍

　　當你吃掉最後一塊麵包後，卻還想要再吃──沒有比這個更慘的事了，而且，烤一個麵包和烤兩個麵包，花的時間是一樣的。乾脆把材料加倍，一次烤兩個吧！把其中一個切片放冷凍，就隨時都能吃到酸種麵包了。

麵包的生命週期

把麵包放在紙袋或麵包盒內保存。最好在烤好的第一天趁新鮮吃，抹上奶油或橄欖油，或用來做成厚三明治。再過一天，它會比較乾，但仍可做出很棒的烤麵包片或是義式烤麵包片（bruschetta）。再過一、兩天，你可以把它切成薄片，做脆麵包片，或切成脆麵包丁，或是弄碎做成麵包屑（放在塑膠袋裡，存放於冰箱）用來做油炸料理的裹粉、內餡或是撒在焗烤菜餚上的酥粒。

切片並冷凍

用保鮮袋密封裝好，冷凍起來，就能保存酸種麵包的風味。先切片再冷凍，之後可以只取所需的量，隨手就能烤片麵包。早上用冷凍麵包片來做午餐三明治也是我的大絕招──在冷凍的麵包片上抹奶油，中午要吃的時候，已經解凍了，而且用這種方式做出來的三明治特別溼潤、有嚼勁。

常見問題

以下幫大家蒐集常見的問題，
以及解決方法。

麵團怎樣都發不起來……

如果你已經把活的酵母放到麵粉和水裡，那麵團裡「一定」有什麼事情在進行。但也有可能因為一些原因延遲了發麵，常見的原因有三個。第一，續養起種之後閒置太久：起種已經變成由乳酸桿菌主導而不是酵母，酵母的活力大大降低（儘管不是靜止狀態）。解決方法是拉長發麵時間，並在下次烘焙前確實適當餵養起種。第二，麵團裡的水分不夠：酵母和細菌在水分充足的環境下能更容易進食並繁殖。解決方法是拉長發麵時間，並確保下一個麵團可以更溼黏一些。第三，如果環境偏冷，發麵會比較緩慢。如果家裡沒有溫暖的場所可用來發麵，那解決方法仍然是——拉長發麵時間。如果麵團在幾小時後，還是沒有發起來，那就試試讓它發過夜吧。但如果到了第二天，它仍然沒有發起來，很不幸地，你大概得把它丟掉了。把上述的原因都考慮進去，再重試一次。

麵團黏在發麵盆裡，倒出來的時候，就扯破了。

首先，別慌張！它還是可以進烤箱烤，儘管形狀有點怪，但還是可以吃的。而且請不要劃切口。下次，請確實在發麵籃裡的每個角落都撒上米穀粉或粗麥粉，就能避免沾黏。要注意的是，麵粉本身會吸水、變黏，所以不能用來當作防沾用的撒粉。

我的麵團脹得像顆橄欖球，已經不像麵包了。

這是麵團想要膨脹，卻被麵包皮封住而無法膨大的現象，這代表裡面的蒸氣也跑不出去。除了看起來驚人，麵包心可能也會太過潮溼及堅實。有兩個可能的原因：烤箱內過於乾燥，造成麵包皮形成太快，請再次檢查烤箱是否有足夠的蒸氣；或者，也可能是因為切口不夠深，沒有把麵包皮確實劃開，記得下次再劃深一點。

麵包攤平了，變得像鬆餅一樣。

有時，當你把麵團從發麵籃倒到烘焙石板或烤盤上，它會變形得很厲害，向外攤得太開。這時請直接進行烘焙，不用在表面上劃切口，成果應該還是可以吃。麵團扁塌的可能原因有兩個：第一，麵團的整型不夠。下次，麵團的拉折及整型需要進行久一點，讓麵團更有彈性。第二，麵團可能發太久了。過發的麵團，隨著在裡面散布的氣泡太多，會失去一些彈性及結構。下次要更加注意發麵的過程，一旦發好，就要立刻烘烤。

烤好的麵包外觀看來不錯，但是太硬，孔洞不夠多。

這真的很令人失望，有幾個可能的原因。如果把麵團倒到烘焙石板上的時候就覺得偏硬，那可能代表你揉過頭了，讓它出筋太多，下次要減少操作麵團的時間。也有可能是因為你太早（不夠發）或太晚（過發）把它放進烤箱。如果要放進烤箱的時候，覺得麵團有點太堅實，就可能是太早；但要是它鬆垮垮的，有消氣的感覺，那可能就是太晚了。

麵包看起來很完美，外殼烤得很好，但最中心的地方太溼了。

麵包皮可以看起來很完美，但其實麵包心還沒烤好，尤其當麵包比較大的時候。下次，不要依外觀來決定，要依聲音及觸感。如果敲它的時候，聽起來不是很空心，就把麵包放回烤箱再多烤 10 分鐘。如果擔心麵包皮烤焦，就拿一張錫箔紙輕輕蓋在上面，有助於把溼氣包住，且能在裡面烤熟的同時，防止外表持續氧化。

經典配方

RECIPES

隔夜酸種白麵包

許多在家烘焙的人會用燉鍋（或荷蘭鍋）來進行日常烘焙，既省事又不用多增加清洗的負擔。只使用少量的起種，麵團必須有高含水量，及長時間的發麵，酵母才得以繁殖並分布到整個麵團。

材料

· 50 公克起種

· 400 毫升溫水

· 600 公克高筋白麵粉

· 10 公克（2 小匙）細鹽

1．大攪拌盆裡放入起種，加入溫水，以打蛋器混合均勻。

2．加入麵粉，澈底混合，直到成為均勻麵團。拿一條乾淨布蓋在盆上，讓麵團鬆弛 30 分鐘。

3．麵團中加入細鹽，慢慢地加，以確保鹽均勻分布。

4．沾溼手，進行拉、折及轉麵團，重複操作 8~10 次，整型成球狀（見第 35 頁）。用保鮮膜或沾溼的布蓋在盆上，在室溫下進行 8~10 小時（或隔夜）發麵。麵團會變得柔軟且膨起，有明顯地脹大。

5．進行烘焙前的 1 小時，在工作檯上撒上薄薄一層手粉，避免麵團沾黏。這時，麵團會黏盆，用指尖把它撥開。再次拉、折及轉麵團，重複操作 8~10 次，使其出筋，並整型成球狀。輕輕地把麵團放到撒過粉的發麵籃，鬆弛 1 小時。

6．烤箱預熱 230℃（210℃旋風模式）／瓦斯烤爐刻度 8，剪下一張約 35~40 公分的正方形烘焙紙。烤箱預熱完成後，把麵團輕輕地從發麵籃倒到烘焙紙中心。把烘焙紙和麵團一起放進 1.8 升的燉鍋裡，用剪刀在麵團表面剪出幾個深 1~2 公分深的切口。蓋上燉鍋蓋。

7．把燉鍋放進烤箱的中層。不用加蒸氣源，麵團在燉鍋裡會自己產生蒸氣。

8．20 分鐘後，把燉鍋蓋拿開，讓麵包皮上色。再經過 25 分鐘後，把燉鍋移出烤箱，拿出麵包，敲打底部——如果是空心聲，代表麵包烤好了。若不理想，把麵包放回烤箱續烤 5~10 分鐘，再測試一次。烘焙完成後，把麵包放在冷卻架上，冷卻後再吃。

十八小時「烘焙職人」版酸種白麵包

一旦你已經烘焙過幾次第 32~39 頁的入門款麵包後，你就準備好可以試試這個了。它更耗時，但更長時間揉麵加上在冰箱中過夜發麵，能製造出更輕盈且空洞更多的麵包心。需要用刮板來操作這個溼黏的麵團。

材料

- 200 公克起種
- 350 毫升溫水
- 400 公克高筋白麵粉，外加撒粉用的分量
- 50 公克全麥麵粉
- 50 公克白（淺色）黑麥粉
- 10 公克（2 小匙）細鹽
- 撒粉用的米穀粉或粗麥粉

1・拿大攪拌盆，放入起種，加入溫水，以打蛋器混合均勻。拿另一個攪拌盆，把白麵粉、全麥麵粉和黑麥粉混合均勻。

2・把混合好的麵粉加入放有起種的攪拌盆裡，用手指澈底混合，直到成為均勻的黏麵團。把手指上的麵粉刮下，用水（不要用肥皂）把手洗淨。

3・在工作檯上撒粉。沾溼手避免麵團沾黏，揉麵約 6 分鐘（見第 26~27 頁）。如果麵團黏在工作檯上，就用刮板把麵團集中在一起，專注均勻地揉麵（並享受麵團在你指間的觸感）。

4・持續揉麵 5~6 分鐘，應該能感受到麵團變得較堅韌，且較不黏，這代表麵筋正在形成。把麵團放回盆中，鬆弛 30 分鐘。

5・重新在工作檯上撒粉。平均地在麵團上撒上 1/2 小匙鹽，再揉 30 秒以確保鹽在麵團裡均勻分布。

6・重複 3 次步驟 5，直到加完 2 小匙鹽，且共再揉麵 2 分鐘。將麵團置於工作檯，用刮板把攪拌盆內壁刮乾淨。

7‧把麵團放回盆裡，進行折疊步驟（見第 28~29 頁），盡可能地把空氣包進麵團裡。用乾淨的布蓋上，鬆弛 1 小時。

8‧重複 3 次步驟 7，所以在 4 小時內，一共會折疊 4 次麵團。如果時間並不是這麼精確，別擔心，酵母是不會發現的！

9‧在發麵籃裡仔細撒滿米穀粉或粗麥粉。小心地把麵團移到籃裡，再用乾淨的布蓋在上面。把發麵籃放到冰箱，讓麵團發過夜（最少 8 小時，但拉長到 12 小時也可以）。

10‧在要進行烘焙前的 1 小時，把發麵籃從冰箱裡取出，讓它回到室溫。

11‧烤箱預熱 250℃（230℃旋風模式）／瓦斯烤爐刻度 10，用厚烤盤或烘焙石板，置於烤箱中層，並加入蒸氣源。當烤箱預熱完成，取出烤盤或石板，小心地把麵團從發麵籃中倒扣到上面。用鋒利的刀片或剪刀，在麵團上方切出 4 道約 2 公分深的十字形或是正方形割口，放進烤箱。

12‧烘烤 30 分鐘後，檢查麵包，確保烘焙均勻，若有需要，把麵包的方向前後調轉。把溫度降到 210℃（190℃旋風模式）／瓦斯烤爐刻度 6，續烤 20 分鐘，或是判斷麵包已經烤好時（手指敲打麵包底部，可聽到空心聲）。把麵包放在冷卻架上，冷卻後再吃。

法式鄉村酸種麵包／魯邦麵包
（Pain au levain）

每個手工烘焙坊最暢銷的麵包，通常都是這類經典麵包的其中一款。白麵粉和兩種黑麥粉的混合讓它有一種豐富而複雜的風味：烤出來讓人見識一下吧！在發麵籃裡發出來的麵包，要比在攪拌盆裡的來得好多了。

材料

· 150 公克黑麥起種（第 50 頁）

· 275 毫升溫水

· 200 公克高筋白麵粉

· 100 公克白（淺色）黑麥粉

· 100 公克全麥（深色）黑麥粉

· 7.5 公克（1.5 小匙）細鹽

· 撒粉用的米穀粉或粗麥粉

1·拿大攪拌盆，放入起種，加入溫水，以打蛋器混合均勻。拿另一個攪拌盆，把白麵粉、黑麥粉和細鹽混合均勻。

2·把混合好的麵粉加入放有起種的攪拌盆裡，用手指澈底混合，直到成為均勻的黏麵團。麵團會很溼黏，別擔心，它會愈來愈容易操作。

3·拿一塊乾淨的布蓋在上面，鬆弛 30 分鐘。

4·沾溼手，進行拉、折及轉麵團，重複操作 8~10 次，整型成球狀（見第 35 頁）。在過程中，麵團表面會變得光滑，且較不黏。蓋上一條布，讓麵團鬆弛 10 分鐘。

5·重複 2 次步驟 4，一共折疊了 3 次麵團，共鬆弛了 1 小時。

6·在發麵籃裡仔細撒滿米穀粉或粗麥粉。小心地把麵團放進發麵籃裡，麵團的封口朝上。

用乾淨的布蓋上，置於溫暖的地方進行發麵。依溫度及酵母活性而定，要增加 50% 體積，可能需要 3~6 小時。

7·麵團發麵完成後，預熱烤箱至 230℃（210℃旋風模式）／瓦斯烤爐刻度 8，用厚烤盤或烘焙石板，置於烤箱中層，並加入蒸氣源。預熱完成後，把麵團從發麵籃裡倒到烤盤或石板上。用鋒利的刀片或剪刀，在麵團上方切出 4 道約 2 公分深的十字形或是正方形割口，放進烤箱。

8·烘焙 10 分鐘後，降溫至 210℃（190℃旋風模式）／瓦斯烤爐刻度 6，繼續烘焙 45 分鐘，或是判斷麵包已經烤好時（手指敲打麵包底部，可聽到空心聲）。

9·把麵包放在冷卻架上，冷卻後再吃。

黑麥圓麵包

黑麥粉和小麥麵粉的表現不同，它不會產生充滿氣孔的麵包心，但具有很棒的溼潤感，且是富含風味的麵包。糊化的過程一點都不難，這款麵包將會是你目前試過最簡單的！

材料

· 300 公克白（淺色）黑麥粉

· 5 公克（1 小匙）細鹽

· 50 毫升溫水

· 200 公克黑麥起種（第 50 頁）

· 揉麵用的植物油

製作黑麥糊化混合物

· 240 毫升熱水

· 60 公克白（淺色）黑麥粉

在開始製作麵包的至少 1 小時前，就必須把黑麥糊化混合物準備好，才有足夠時間熟成。煮一鍋熱水，倒 240 毫升到攪拌壺裡。讓它冷卻至 90℃ 左右（如果使用的是厚玻璃攪拌壺，只需要幾分鐘，熱水冷卻得很快）。加入 60 公克淺色黑麥粉，澈底拌勻。隨著長鏈澱粉斷鏈並吸水後，它會形成一種又稠又黏的糊狀物。置於一旁冷卻。

1．拿一個攪拌盆，放入黑麥粉和細鹽，混合均勻。拿另一個大攪拌盆，放入黑麥糊化混合物（留下一湯匙，最後要用來做亮光層）、溫水以及起種，以打蛋器混合均勻。

2．把混合好的黑麥粉和鹽，加入放有黑麥糊化混合物的攪拌盆，澈底混合，直到出現均勻，且偏黏的麵團。與小麥麵團比起來，它會比較乾硬。

3．在工作檯上塗上薄薄一層油，進行拉、折及轉麵團，持續操作 1 分鐘（見第 35 頁），將麵團整型成球狀。

4．在小發麵籃裡仔細撒滿米穀粉，將麵團輕輕放進去。用乾淨的布蓋上，開始發麵。這個麵團需要較長時間發麵，要有點耐心。當麵團增加 50% 體積時，就可以進行烘焙了。

5．烤箱預熱 230℃（210℃ 旋風模式）／瓦斯烤爐刻度 8，用厚的烤盤或烘焙石板，置於烤箱中層並加入蒸氣源。預熱完成後，小心地把麵團從發麵籃倒到烤盤或石板上。用剪刀在麵團上方剪出 3 個約 1~2 公分深的切口，放進烤箱。

6．烘焙持續約 50 分鐘，或是判斷麵包已經烤好時（手指敲打麵包底部，可聽到空心聲）。讓麵包在冷卻架上冷卻至少 1 小時後，再切片。

普羅旺斯綜合橄欖香草麵包

這款麵包有著香氣十足的橄欖和橄欖油，最適合拿來和朋友一起撕著吃。以獨特的方式切割麵團，讓它有麥穗般的形狀。這個配方可以做出兩個中型麵包；稍微預估一下完成的時間吧！因為這款麵包要趁新鮮享用，烤完後的一個半小時內是最好吃的時機。

材料

· 200 公克起種

· 300 毫升溫水

· 500 公克高筋白麵粉

· 10 公克（2 小匙）細鹽

· 200 公克的去籽橄欖：最好是綠橄欖和黑橄欖混合，且是保存在油中而不是鹽漬水中，有夾心椒的綠橄欖（如紅心橄欖）更適合使用。

· 30 毫升（2 大匙）橄欖油

1 · 把橄欖粗略地切成約 1/4 大小，不需太平均，最好有大有小。稍微混合後，一旁備用。

2 · 拿大的攪拌盆，放入起種，加入溫水，以打蛋器混合均勻。

3 · 拿另一個攪拌盆，將麵粉跟鹽混合，然後放入有起種的攪拌盆裡，用手指澈底混合，直到所有材料均勻分布在麵團裡。拿一條乾淨的布蓋在盆上，鬆弛 30 分鐘。

4 · 在工作檯上撒上薄薄一層手粉，在上面揉打麵團，直到它變光滑且有彈性。（見第 26~27 頁）。應只需幾分鐘，將呈球狀的麵團放回盆裡。

5 · 放入切塊的橄欖和橄欖油，與麵團混合，盡可能均勻。麵團的表面會變油且帶滑，這是正常的。如果沒辦法把所有橄欖塊都和進麵團也沒關係，之後可以把剩下的橄欖直接放到麵包上。

6‧把麵團分成 2 份，放到 2 張烘焙紙上。

7‧以擀麵棍將其擀成 2 個長 20~25 公分，厚 1~2 公分厚的橢圓形。如果攪拌盆裡還有沒和進麵團的橄欖塊，現在可以把它們輕輕地從上面壓進麵團裡。

8‧用溼布蓋在麵團上，放在溫暖的地方進行發麵約 2 小時。

9‧用手指壓進麵團，測試發麵狀態。如果麵團在幾秒內就彈回來，就可以預熱烤箱，把溫度調到 250℃（230℃旋風模式）／瓦斯烤爐刻度 9，放入 2 個烤盤或烘焙石板到烤箱的最上層。

10・現在要來切出便於撕開分享的麵包外型。拿一隻鋒利的刀，切出 2 排共 8~10 個斜切口，每個切口約 4 公分長。

11・用手指把切口撐開，輕輕往外拉。隨著切口向外變大，麵團整體的長、寬都會再各增加 5 公分，整體看起來像是麥穗的形狀。

12・烤箱預熱完成後，將在烘焙紙上的 2 片麵團分別放在 2 個烤盤或石板上，放進烤箱。

13・烤約 15~20 分鐘，在 10 分鐘左右時，把 2 個烤盤或石板交換位置，讓 2 片麵包輪流在烤箱上層。檢查麵包底部，如果已呈金黃咖啡色，且敲打時有空心聲，就代表烤好了。冷卻幾分鐘，趁還有些溫熱時享用。

經典全麥三明治麵包

這是趕時間時最好的午餐：健康、美味，而且夾什麼都很搭。在麵包皮上的粗燕麥片並不只是為了好看，也增加了纖維和風味，並能防止麵團沾黏在麵包烤模。

材料

· 200 公克起種

· 300 毫升溫水

· 250 公克高筋白麵粉

· 250 公克高筋全麥麵粉

· 10 公克（2 小匙）細鹽

· 塗模用植物油

· 25 公克燕麥粥用的燕麥片，撒在麵團外皮用

準備一個大的防沾麵包烤模（適用 900 公克麵團），約 24 × 14 公分。

1 · 拿一個大的攪拌盆，放入起種，加入溫水，以打蛋器混合均勻。

2 · 拿另一個攪拌盆，將麵粉跟鹽混合均勻，加入放有起種的攪拌盆中，混合直到成為均勻的麵團。拿一條乾淨的布蓋在盆上，鬆弛 30 分鐘。

3 · 沾溼手，進行拉、折及轉麵團，重複操作 8~10 次，整型成球狀（見第 35 頁）。鬆弛 10 分鐘。

4 · 重複 2 次步驟 3，一共進行 3 次麵團折疊的操作，共 1 小時的鬆弛時間。

5 · 在防沾麵包烤模裡刷上薄薄一層油（或用包奶油的紙來抹）。

6.在工作檯上撒上薄薄一層手粉，再撒上燕麥片。手指沾點水，然後把麵團從盆裡取出，放到工作檯上。輕輕把麵團拉成約為麵包烤模長度的橢圓形，輕輕前後滾動，讓麵團黏上燕麥片。輕輕地將麵團放進模裡，讓麵團底部（黏有最多燕麥片的地方）朝上，變成麵包的頂部。

7.用溼布蓋上烤模，置於溫暖的地方進行發麵。依溫度及酵母活性而定，讓麵團增加50%體積，可能要3~6小時。麵團應會發到接近滿模的程度。

8.發麵完成後，預熱烤箱210℃（190℃旋風模式）／瓦斯烤爐刻度6，把厚烤盤或烘焙石板，置於烤箱中層並加入蒸氣源。以鋒利的刀片或剪刀，在麵團上方切出3個約1~2公分深的平行割口。把麵包烤模放進烤箱中已加熱烤盤或石板上。

9.烤30分鐘後，把模從烤箱取出，將麵包從模裡倒出來。這時麵包已是烤模的形狀，但外皮並不硬脆。直接把麵包放回烤箱的烤盤或石板上，再烤20分鐘，或是判斷麵包已經烤好時（手指敲打麵包底部，可聽到空心聲）。

10.把麵包放在冷卻架上，冷卻後再吃。

罌粟籽
酸種小白麵包

這個配方可以做 4 個中型麵包，很適合當午餐。方形的蛋糕模或麵包烤模可以在發麵時用來保持形狀。但如果模偏小，小麵包在發麵時擠在一起，也別擔心，烤好後，就可以輕易把它們分開了。

材料

· 100 公克起種

· 150 毫升溫水

· 300 公克高筋白麵粉

· 5 公克（1 小匙）細鹽

· 50 公克罌粟籽

· 塗模用植物油

1 · 拿大的攪拌盆，放入起種，加入溫水，以打蛋器混合均勻。拿另一個攪拌盆，將麵粉和鹽混合，加入放有起種的攪拌盆，用手指澈底混合，直到成為均勻的麵團。用乾淨的布蓋上，發麵 30 分鐘。

2 · 把手沾溼，麵團才不會黏手。在工作檯上撒上薄薄一層手粉，按照第 28~29 頁的方法輕輕拉折麵團。

85

3・重複 2 次步驟 2，所以麵團一共會被折疊 3
次，以及 30 分鐘的鬆弛時間。

4・把罌粟籽放進一個小碗。在烤模或方形蛋
糕模底抹上薄薄一層油。取出麵團，如果有刮
板，用刮板把麵團切成 4 等分。用雙手輕輕把
每個小麵團整成圓形，整型時不要擠壓麵團。
將小麵團放進有罌粟籽的小碗裡，滾動一下，
直到表面都均勻黏上罌粟籽。

5・把小麵團放進烤模，蓋上一條乾淨的布。
靜置發麵，直到每個小麵團都增加 50% 體
積。在溫暖的地方約需 3 小時，較冷的地方則
可能要更久。

6・烤箱預熱 230℃（210℃旋風模式）／瓦斯
烤爐刻度 8，用厚烤盤或烘焙石板，置於烤箱
中層並加入蒸氣源。

7・用剪刀在每個麵團上方剪出深約 1~2 公分
的切口。烘焙 10 分鐘後（麵包已膨起），降
溫至 210℃（190℃旋風模式）／瓦斯烤爐刻
度 6，繼續烘焙 10~15 分鐘，或是判斷麵包已
經烤好時（手指敲打麵包底部，可聽到空心
聲）。

8・把麵包放在冷卻架上，冷卻後再吃。

核桃黑麥麵包

麵團裡加入大量的核桃，會產生偏深、接近藍色的麵包心，這個奢華的麵包最適合搭配乳酪盤或是瑞典節慶自助餐（smörgåsbord）了。可以用胡桃來取代核桃，或是把兩者混合使用。

材料

- 200 公克起種
- 200 毫升溫水
- 200 公克高筋白麵粉
- 100 公克白（淺色）黑麥粉
- 100 公克全麥（深色）黑麥粉
- 100 公克碎成小塊狀的去殼對半核桃
- 10 公克（2 小匙）細鹽
- 撒粉用米穀粉或粗麥粉

1・拿大的攪拌盆，放入起種，加入溫水，以打蛋器混合均勻。

2・拿另一個攪拌盆，將麵粉、核桃及鹽混合均勻，再加到步驟 1 的溼混合物中。澈底混合直到形成核桃碎塊分布均勻的麵團。拿一條乾淨的布蓋在盆上，鬆弛 30 分鐘。

3・沾溼手，進行拉、折及轉麵團，重複操作 8~10 次，整型成球狀（見第 35 頁）。鬆弛 10 分鐘。

4・重複 2 次步驟 3，一共會進行 3 次麵團折疊的操作，麵團共有 1 小時的鬆弛時間。

5・在發麵籃裡仔細撒滿米穀粉或粗麥粉。小心地把麵團放進發麵籃裡，麵團的封口朝上。

6・用乾淨的布蓋上，置於溫暖的地方進行發麵。依溫度及酵母活性而定，要增加 50% 體積，可能需要 3~6 小時。

7・發麵完成後，烤箱預熱 230℃（210℃旋風模式）／瓦斯烤爐刻度 8，使用厚烤盤或烘焙石板，置於烤箱中層並加入蒸氣源。預熱完成後，把麵團從發麵籃裡倒到烤盤或石板上，用鋒利的割刀或剪刀在麵包上方割出 2 個切口，放進烤箱。

8・烘焙 10 分鐘，降溫至 210℃（190℃旋風模式）／瓦斯烤爐刻度 6，繼續烘焙 40 分鐘，或是判斷麵包已經烤好時（手指敲打麵包底部，可聽到空心聲）。把麵包放在冷卻架上，冷卻後再吃。

亞麻籽麵包

黑麥粉和亞麻籽，造就出味道濃郁的麵包，麵包心也較緊密。這種風味濃郁又厚實的麵包切成薄片，就有種優雅的感覺；最適合搭配含鹽奶油，還有上面點綴了甜酸醬（chutney）的風味乳酪。亞麻籽也富含纖維及多種營養素。

材料

- 150 公克起種
- 200 毫升溫水
- 200 公克白（淺色）黑麥粉
- 100 公克亞麻籽（咖啡或金黃色，或是兩者混合）
- 5 公克（1 小匙）細鹽
- 揉麵用的植物油
- 撒粉用的米穀粉

1・拿大的攪拌盆，放入起種，加入溫水，以打蛋器混合均勻。拿另一個攪拌盆，將麵粉、亞麻籽和鹽混合，倒進放有起種的攪拌盆中，用手指混合，直到成為一個黏麵團。用乾淨的布蓋上，發麵 30 分鐘。

2・在工作檯上撒上薄薄一層手粉，避免麵團沾黏。把麵團從盆裡取出，輕柔地將其拉伸成 25 公分左右的正方形。把麵團右邊 1/3 折到中間，再把左邊 1/3 也往中間折，蓋在最上面，接著把下方 1/3 往上折，再把上方 1/3 往下折，蓋在最上面（見第 28~29 頁）。把麵團放回盆裡，蓋上布，鬆弛 30 分鐘。

3・重複步驟 2，一共折疊 2 次麵團，各有 30 分鐘的鬆弛時間。

4・輕輕地將麵團整型成長約 20 公分，寬約 10 公分的橢圓形。

5・在橢圓形的發麵籃裡仔細撒滿米穀粉，將麵團輕輕放進去。用乾淨的布蓋上，開始發麵。要增加 50% 體積，在溫暖的地方約需 3~4 小時，在較冷的地方則可能需要 6~7 小時。

6・烤箱預熱 230℃（210℃旋風模式）／瓦斯烤爐刻度 8，用厚烤盤或烘焙石板，置於烤箱中層並加入蒸氣源。預熱完成後，小心把麵團從發麵籃倒到烤盤或石板上。用剪刀在麵團上方剪出 3 個平行，約 1~3 公分深的切口，放進烤箱。

7・烘焙 10 分鐘後，降溫至 210℃（190℃旋風模式）／瓦斯烤爐刻度 6，繼續烘焙 40 分鐘，或是判斷麵包已經烤好時（手指敲打麵包底部，可聽到空心聲）。讓麵包在冷卻架上冷卻至少 1 小時後再切片。

燕麥蘋果麵包

溼潤、香甜且爆發著驚人風味，這個帶著輕微水果風味的麵包，用來搭配果醬或其他甜的配料最完美不過了。燕麥和蘋果提供營養及纖維，因而它既健康又美味，而且麵團裡的水分很少，讓它不黏手而容易操作。

材料

· 50 公克燕麥片，外加 30 公克撒在麵團表面用的分量

· 100 毫升溫水，外加 50 毫升溫水

· 150 公克起種

· 200 公克蘋果，去皮且刨成粗絲

· 350 公克高筋白麵粉

· 7.5 公克（1.5 小匙）細鹽

· 撒粉用的米穀粉或粗麥粉

1 · 把燕麥放進一個小碗裡，加入 100 毫升沸水。攪拌後，置於一旁浸泡。

2 · 拿大的攪拌盆，放入起種，加入溫水，以打蛋器混合均勻。當起種已經溶均勻後，加入刨成絲的蘋果。

3・拿另一個攪拌盆，將麵粉和鹽混合均勻，再加到放有起種的攪拌盆中。加入浸泡好的燕麥，持續攪拌直到變成均勻麵團。拿一塊乾淨的布蓋上，鬆弛 30 分鐘。

4・沾溼手，進行拉、折及轉麵團，重複操作 8~10 次，整型成球狀（見第 35 頁）。鬆弛 10 分鐘。

5・重複 2 次步驟 4，一共進行了 3 次麵團折疊，共 1 小時的鬆弛時間。

6・把約 25 公克乾燕麥片放進一個大碗裡。手指沾點水，然後輕輕地在麵團底部周圍開始拉折麵團。動作盡可能地輕，麵團封口處朝上，把麵團放進有燕麥片的碗裡，讓麵團表面黏上燕麥片。若有需要，可以在麵團上再撒上更多燕麥片，讓其分布更均勻。

7・在發麵籃裡仔細撒滿米穀粉或粗麥粉。小心地把麵團放進發麵籃裡，麵團的封口朝上。

8・用一條乾淨的布蓋上，置於溫暖的地方進行發麵。依溫度及酵母活性而定，要增加 50% 體積，可能需花 3 小時。

9・當麵團發麵完成後，烤箱預熱 230℃（210℃ 旋風模式）／瓦斯烤爐刻度 8，用厚烤盤或烘焙石板，置於烤箱中層並加入蒸氣源。預熱完成後，把麵團從發麵籃裡倒到烤盤或石板上，用鋒利的割刀或剪刀在麵團上方割剪出 2 個切口，放進烤箱。

10・烘焙 10 分鐘後，降溫至 210℃（190℃ 旋風模式）／瓦斯烤爐刻度 6，繼續烘焙 40~45 分鐘，或是判斷麵包已經烤好時（手指敲打麵包底部，可聽到空心聲）。若有需要，可以在 30 分鐘後，把麵包前後調轉，以確保烤色均勻。

11・把麵包放在冷卻架上，冷卻後再吃。

日晒番茄乾
及黑橄欖麵包

麵包外型可參見
第 59 頁。

充滿香氣，顏色鮮豔且充滿地中海風味，這個麵包正在呼喚你把它撕開，浸到橄欖油及巴薩米公克醋裡，或用來和佩科里諾（Pecorino）或曼切戈（Manchego）那樣風味強烈的硬乳酪一起搭配食用。不用去買熟食店買新鮮的橄欖：泡在鹽水裡的去核黑橄欖就很棒了。

材料

· 150 公克起種

· 40 毫升橄欖油

· 300 毫升溫水

· 100 公克去籽橄欖，切碎

· 100 公克日晒番茄乾，切碎

· 500 公克高筋白麵粉

· 7.5 公克（1.5 小匙）細鹽

· 一大撮乾燥奧勒岡

· 撒粉用的米穀粉或粗麥粉

1．拿大的攪拌盆，放入起種、橄欖油和溫水，以打蛋器混合均勻。當起種溶解均勻後，加進切碎的橄欖及日晒番茄乾。

2．拿另一個攪拌盆，將麵粉、鹽和乾燥奧勒岡混合，倒進放有起種的攪拌盆中，用手指將其澈底混合，直到所有材料均勻分布在麵團裡。拿一塊乾淨的布蓋上，鬆弛 30 分鐘。

3．沾溼手，進行拉、折及轉麵團，重複操作8~10 次，整型成球狀（見第 35 頁）。鬆弛 10分鐘。

4．重複 2 次步驟 3，一共進行了 3 次麵團折疊，共 1 小時的鬆弛時間。

5．在發麵籃裡仔細撒滿米穀粉或粗麥粉。手指沾水，在麵團底部周圍開始拉折麵團，接著小心地把麵團放進發麵籃裡，麵團的封口朝上。

6．用乾淨的布蓋上，置於溫暖的地方進行發麵。依溫度及酵母活性而定，要增加50% 體積，可能需要 3~6 小時。

7．當麵團發麵完成後，烤箱預熱 230℃（210℃旋風模式）／瓦斯烤爐刻度 8，用厚烤盤或烘焙石板，置於烤箱中層並加入蒸氣源。預熱完成後，把麵團從發麵籃裡倒到烤盤或石板上，用鋒利的割刀或剪刀在麵包上方劃出 2 個切口，放進烤箱。

8．烘焙 10 分鐘後，降溫至 210℃（190℃旋風模式）／瓦斯烤爐刻度 6，繼續烘焙 40 分鐘，或是判斷麵包已經烤好時（手指敲打麵包底部，可聽到空心聲）。把麵包放在冷卻架上，冷卻後再吃。

甜菜根斑紋酸種麵包

完美又暖心的麵包。獨特的外表，帶著土壤香氣，令人為之驚豔，最適合搭配冬天湯品或燉菜。甜菜富含抗氧化物。令人印象深刻的粉紅色調，隨著烘焙進行會褪色，在經典、充滿空洞的麵包心裡留下斑紋。

材料

· 200 公克起種

· 10 毫升（2 小匙）橄欖油

· 180 毫升溫水

· 340 公克高筋白麵粉

· 7.5 公克（1.5 小匙）細鹽

· 150 公克新鮮甜菜根，去皮且刨成粗絲

· 撒粉用的米穀粉或粗麥粉

1·拿大的攪拌盆，放入起種、橄欖油和溫水，以打蛋器混合均勻。

2·拿另一個攪拌盆，將麵粉跟鹽混合，加入放有起種的攪拌盆裡，用手混合均勻，接著加入刨成絲的甜菜根攪拌，直到甜菜根均勻分布在麵團裡。蓋上一塊廚房擦巾在盆上，鬆弛 30 分鐘。

3·沾溼手，進行拉、折及轉麵團，重複操作 8~10 次，整型成球狀（見第 35 頁）。鬆弛 10 分鐘。

4·重複 2 次步驟 3，一共進行 3 次麵團折疊，共 1 小時鬆弛時間。

5·在發麵籃裡仔細撒滿米穀粉或粗麥粉。手指沾水，在麵團底部周圍開始拉折麵團，接著小心地把麵團放進發麵籃裡，麵團的封口朝上。

6·蓋上乾淨的布，置於溫暖的地方進行發麵。依溫度及酵母活性而定，要增加 50% 體積，可能需要 3~6 小時。

7·發麵完成後，烤箱預熱 230℃（210℃旋風模式）／瓦斯烤爐刻度 8，用厚烤盤或烘焙石板，置於烤箱中層並加入蒸氣源。預熱完成後，把麵團從發麵籃裡倒到烤盤或石板上，用鋒利的割刀或剪刀在麵包上方劃出 2 個切口，放進烤箱。

8·烘焙 10 分鐘後，降溫至 210℃（190℃旋風模式）／瓦斯烤爐刻度 6，繼續烘焙 40 分鐘，或是判斷麵包已經烤好時（手指敲打麵包底部，可聽到空心聲）。

9·把麵包放在冷卻架上，冷卻後再吃。

巧克力甜味酸種麵包

相較於蛋糕，富含巧克力的酸種麵包是比較健康的選擇。試試看切片略烤一下，再加上一球香草冰淇淋一起上桌吧……

1·拿大的攪拌盆，放入起種，加入溫水，以打蛋器混合均勻。

2·拿另一個攪拌盆，將麵粉、鹽、可可粉、葡萄乾及巧克力混合均勻，加入放有起種的攪拌盆裡，用手攪拌，直到所有材料均勻分布在麵團裡。拿一塊乾淨的布蓋在盆上，鬆弛 30 分鐘。

3·沾溼手，進行拉、折及轉麵團，重複操作 8~10 次，整型成球狀（見第 35 頁）。蓋上乾淨的布，鬆弛 10 分鐘。重複 2 次，一共進行 3 次麵團折疊，共 1 小時的鬆弛時間。

4·在發麵籃裡撒滿米穀粉。沾溼手指，在麵團底部周圍開始拉折麵團，接著小心地把麵團放進發麵籃裡，麵團的封口朝上。

5·蓋上乾淨的布，置於溫暖的地方進行發麵。依溫度而定，要增加 50% 體積，可能需要 3 小時。

6·烤箱預熱 230℃（210℃旋風模式）／瓦斯烤爐刻度 8，並剪下一張邊長約 35~40 公分的正方形烘焙紙。當烤箱預熱完畢後，把麵團輕輕地從發麵籃倒到烘焙紙的中心。把烘焙紙和麵團放進 1.8 公升的燉鍋裡，用剪刀在麵團表面剪出幾個深 1~2 公分深的切口。蓋上燉鍋蓋。

7·把燉鍋放進烤箱的中層，不用加蒸氣源。

8·25 分鐘後把燉鍋蓋拿開，讓麵包皮上色。再經過 20 分鐘，把燉鍋移出烤箱，拿出麵包，敲打底部；如果是空心聲，代表麵包烤好了。如果不是，重新放回烤箱續烤 5~10 分鐘，再測試一次。烘焙完成後，把麵包放在冷卻架上，冷卻後再吃。

酸種麵皮披薩
及番茄醬

硬脆且膨起的披薩外皮，沒什麼比這個更醉人。酸種披薩麵皮配方也包含了和任何配料都能完美搭配的番茄醬。早上準備麵團，晚餐時就能拿來用。烘焙石板要展現實力了！愈熱，成果就愈好。

材料

分量：4 張餅皮

· 150 公克起種

· 30 毫升（2 大匙）橄欖油

· 150 毫升溫水

· 400 公克高筋白麵粉，外加撒粉用分量

· 10 公克（2 小匙）細鹽

1 · 拿大的攪拌盆，放入起種、橄欖油和溫水，以打蛋器混合，直到起種均勻溶解。

2 · 加入麵粉，澈底混合，直到成為均勻的麵團。拿一條乾淨的布蓋上，鬆弛 30 分鐘。

3 · 一邊手揉麵團，一邊慢慢加鹽，以確保鹽能均勻分布在麵團內。

4 · 在工作檯上撒粉，把麵團倒在工作檯上，接著持續揉麵約 5 分鐘（見第 26~27 頁）。隨著拉折進行，會感到麵筋形成，麵團變硬。

5 · 將麵團切成 4 等分，放在烘焙紙上發麵，輕輕蓋上抹油的保鮮膜或沾溼的布。置於溫暖處約 3 小時，直到增加 50% 體積。

6 · 將一個麵團放到邊長約 30 公分的正方形烘焙紙中間。往下及往外輕壓麵團，接著，先用擀麵棍，再用指尖盡可能均勻地將麵團往外攤開到烘焙紙的邊緣。試著在披薩外緣留下稍厚的邊，但要是厚度不太均勻，也不用擔心。在擀開的麵皮上蓋上抹油的保鮮膜或沾溼的布。

7 · 重複步驟 6，擀開其他 3 個麵團，進行 2~3 小時發麵。麵皮裡面應該會開始有氣泡。

8 · 將披薩石板放進烤箱，離烤箱頂約 15~20 公分的位置，以最高溫度進行預熱，加進蒸氣源。可能需要約 20 分鐘讓烤箱達到最高溫。當烤箱在預熱時，可以同步製作番茄醬（配方見下頁）及準備配料：依喜好刨乳酪絲、剪碎羅勒葉、切碎橄欖、切點紅洋蔥和蘑菇……

9·將披薩麵皮連著下面的烘焙紙，放到烤盤等平面上。用湯匙或湯杓，取 50~75 毫升番茄醬，均勻塗抹在麵皮上。不要塗抹到麵皮的邊緣，邊緣必須保持乾燥，才能形成很棒的披薩外皮。放上剩下的配料（別放太多），如果配料放太滿，披薩沒辦法烤得硬脆。

10·打開烤箱門（小心散出的熱蒸氣），快速地將披薩和烘焙紙一起滑到披薩石板上。

11·烤約 10 分鐘後，把餅皮前後調轉，再烤 5
分鐘。如果還有更多披薩要烤，這時候可準備
它們的配料。檢查底部是否烤熟且硬脆，如果
不夠，就再多烤幾分鐘，外皮有一點燒焦也別
擔心。把披薩拿出來，迅速把下一個放進去，
然後盡快享用烤好的披薩。

小訣竅：如果想改天再烤披薩，先不要放配
料，單獨烤麵皮 5~6 分鐘，直到開始上色。拿
出烤箱冷卻，然後放進冷凍袋裡冷凍保存。要
烤的時候，先解凍，再從步驟 8 開始進行。

番茄醬

材料

分量：4 片披薩

· 1 大匙橄欖油

· 3 大瓣大蒜，切細或壓碎

· 400 公克罐裝剝皮李子番茄
  （plum tomatoes）

· 5 公克（1 小匙）細鹽

· 5 公克（1 小匙）砂糖

· 乾燥奧勒岡

1·在小鍋裡以小火加熱橄欖油。加入大蒜，
以鍋鏟撥散。

2·1 分鐘後，用湯匙把番茄罐裡的番茄取出
（湯汁先留著），加進鍋裡。用鍋鏟把番茄壓
碎，與橄欖油及大蒜混合攪拌。加入糖和鹽，
及一大撮乾燥奧勒岡。

3·當鍋裡的番茄泥開始要沸騰時，轉到最小
火，讓它幾乎在不冒泡的狀態。2 分鐘後，把
番茄罐頭裡的湯汁加入。

4·續煮 10 分鐘，期間不時攪拌，直到濃稠且
油亮。如果感覺快黏鍋，就加一點點水。完成
後，置於一旁備用。

義式乳酪罌粟籽
麵包棒

這是最簡單的烘焙麵包之一，也是招待客人的完美小點，當你被邀請參加晚餐時，它也是個很好的見面禮。小心別烤過頭了，它們吃起來應該是有嚼勁，而不是硬脆。

材料

· 100 公克起種

· 20 毫升（4 小匙）橄欖油

· 100 毫升溫水

· 200 公克高筋白麵粉

· 5 公克（1 小匙）細鹽

· 50 公克刨細帕馬森（Parmesan）或帕達諾（Grana Padano）乾酪

· 20 公克罌粟籽

1・拿大的攪拌盆，放入起種、橄欖油和溫水，以打蛋器攪拌，直到起種均勻溶解。

2・拿另一個攪拌盆，將麵粉和鹽混合，加入放有起種的攪拌盆中，用手指將其澈底混合，直到所有材料均勻分布在麵團裡。拿一條乾淨的布蓋上，鬆弛 30 分鐘。

3・沾溼手，進行拉、折及轉麵團，重複操作8~10 次，整型成球狀（見第 35 頁）。鬆弛 10分鐘。

4・重複 2 次步驟 3，一共進行了 3 次麵團折疊，共 1 小時的鬆弛時間。

5・在烤盤上放 2 張邊長約 30 公分的正方形烘焙紙。

6・把手沾溼，以免麵團黏手，把麵團分成 2等分，分別放在 2 張烘焙紙中心，用手指輕輕地將麵團拉伸成 25 公分× 20 公分左右的長方形。

7・在 2 條麵團上均勻撒上乳酪，輕拍確保乳酪黏在麵團上。再撒上罌粟籽，重複這個步驟。

8・用有長刃的刀，把兩塊麵團各切成 6~8 份長條。用刀把這些長條分開，各自間隔 1~2 公分。最後，輕輕把每條長條拉長，拉到烤盤放得下的最長長度。在每個烤盤上輕蓋保鮮膜，發麵 2~3 小時。

9・烤箱預熱 230℃（210℃旋風模式）／瓦斯烤爐刻度 8，加入蒸氣源。預熱完成後，拿開保鮮膜，把烤盤放進烤箱，烤 15 分鐘，或直到麵包棒呈現金黃咖啡色。小心不要烤過頭了。讓麵包棒在冷卻架上冷卻後再吃。

參考資源

本書的目的，是要簡化酸種麵包的製作，讓每個人都能輕易上手，烤出自家製的非專業麵包。本書只能作為這個充滿歷史、科學、技藝、意見與論述的領域的基礎入門。如果想了解更多，得再往其他地方作更深入的閱讀。平常我會在網路上找資源，不過，以下列出的書都是強烈建議閱讀的。

哈洛德‧馬基（Harold McGee）的《馬基的食物與廚藝：一本關於廚房科學、歷史與文化的百科全書》（暫譯，原書名：*McGee on Food and Cooking: An Encyclopedia of Kitchen Science, History and Culture*）提供了對麵包的歷史、科學及魔法的最佳入門。任何對食物有著強烈興趣的人都該有一本，不過，裡面沒有配方。丹‧雷帕德（Dan Lepard）《手工麵包》（暫譯，原書名：*The Handmade Loaf*）的書中有配方，是我這本書中的起種、燕麥跟蘋果及亞麻籽配方的基礎來源。另一本很適合學習者的書是艾曼紐‧哈吉昂德魯（Emmanuel Hadjiandreou）的《如何做麵包》（暫譯，原書名：*How to Make Bread*），這本書是我書中甜菜及巧克力麵包配方的靈感來源。

如果還想更進一步研究，我推薦安德魯‧惠特利（Andrew Whitley）的《動手做酸種麵包：為忙碌生活準備的慢速麵包》（暫譯，原書名：*Do / Sourdough: Slow Bread for Busy Lives*），馬休‧瓊斯（Matthew Jones）、賈斯汀‧蓋拉特里（Justin Gellatly）及露意絲‧蓋拉特里（Louise Gellatly）的《烘焙學院》（暫譯，原書名：*Baking School*），若是還想對法式麵包烘焙有更深的了解，可以閱讀艾瑞克‧凱瑟（Éric Kayser）的《法國麵包教父的經典配方》（*Le Larousse du Pain : 80 recettes de pains et viennoiseries*）。

這些書裡用到的以專業烘焙用酵母或速發乾酵母取代活起種或和其併用的配方，都可以被調整成單純使用酸種起種的配方，變成「純」酸種麵團。

凡妮莎‧金貝兒（Vanessa Kimbell）的《酸種麵包學院》（暫譯，原書名：*The Sourdough School*）對酸種麵包已知的及假設的健康益處有非常詳盡的描述，與理查‧勃汀聶（Richard Bertinet）的《麵包心》（暫譯，原書名：*Crumb*）皆有對此主題非常深入的討論。如果考慮成為專業烘焙師，或許會覺得它們比較有用。

專有名詞

麵包烘焙有著非常豐富的詞彙，在此解釋一些常用的。然而，隨著在酸種麵包的旅程中繼續前進，你可能還會發現許多新的名詞。

作用

自我分解法（Autolysis / Autolysation）當麵粉一開始和水混合時（沒有酵母、鹽或起種）會發生的作用。許多烘焙者會讓麵團在一開始就先進行自我分解，然後才加入其他材料。

發麵（Blooming / Proving）「Bloomer」在傳統英文用詞裡是指發得很好的白麵團。發麵是麵團因酵母作用而膨脹的過程，想像酵母要向你「證明」（proving）它的效果。

糊化（Gelatinisation）是指水和澱粉間，在烤箱的加熱之下形成麵包心的反應。

爐內膨脹（Oven bounce / Oven spring）當麵團一開始放進烤箱時，最先發生的膨脹。烤箱中的熱量使麵團中的水分蒸發，在麵包心中撐出氣泡，使麵包皮向上及向外擴大。

過發（Over-proving）過發的麵團指的是在烘焙前發麵時間過長的麵團。太長時間的發酵會使麵筋失去彈性，麵團會變軟，造成裡面結構很差的扁平麵包。

發麵延遲（Retardation）降低溫度造成較慢的發麵過程。如果想讓麵團發過夜且不會過發，這是很有用的方法。

水合比例（Hydration）指麵團裡水的組成比例，以百分比表示。

技巧

折疊（Folding）是指以將氣泡包進麵團裡的手法來進行麵團操作（會形成較鬆的麵包心）。

整型（Shaping）將麵團塑型成最終它該有形狀的動作。通常在進行這個動作時，會將麵團表面拉撐開來，如此會有較強韌的麵包皮。

續養（Refreshment）在把起種拿來用在麵團裡之前，餵養起種的步驟。通常要經過 8~24 小時後才能使用。

原料

乳酸桿菌（Lactobacteria）指能在酸性環境中存活的細菌家族。正是乳酸桿菌的活性讓酵種麵包帶著酸味及其健康的益生菌特性。

膨發劑（Leaven）任何能用來讓麵團或麵糊產生氣泡並膨起的物質。在酸種麵包的烘焙中，起種就是膨發劑。

可作用起種（Production starter）已續養且活化後，可用來烘焙的起種。

起種（Starter）酵母和乳酸桿菌在麵粉和水裡（偶爾也有其他材料）的活著的培養種菌。

酵母（Yeast）一種單細胞生物體，藉由消耗糖和澱粉，產生二氧化碳氣體及少量酒精。其產生的二氧化碳正可形成麵包心裡的氣孔；而酒精會在發麵及在烤箱烘焙過程中蒸發消失。

酵頭（Biga / Poolish / Sponge）是酵母、麵粉和水的混合物，一些烘焙者會用它來取代酵種起種。

浸漬料（Soaker）在加進麵團之前，要先泡在水裡吸水的乾性材料（如燕麥、穀類或種子）。

麵包部位

麵包心（Crumb）指由帶著氣洞的糊化澱粉質形成的麵包內部。很「緊」（tight）的麵包心指的是氣孔較小，是較密實的麵包。而較「鬆」（open）的麵包心則是指有較大的氣孔，是較輕盈的麵包。

麵包皮（Crust）麵包的外部表面。

麩質或麵筋（Gluten）是指在麵粉中存在的一系列蛋白質的總稱。它們來自胚乳，是讓麵團具有延展性及黏性的分子。

工具

發麵籃（Banneton / Proving basket）法文「籃子」的意思，通常是由木條製成，用來發麵。有一些發麵籃裡面有一層布，能讓麵團有光滑的表面，沒有襯布的，則會讓麵團印上平行線條。

發麵布（Couche）用來支撐長條麵團，如長棍麵包，發麵用的厚布。

割刀（Lame）一種有小型且鋒利的刀片，帶把手的小刀，用來在進烤箱烘焙前在麵團表面劃出切口。

致謝

本書能夠出版，是許多人付出的成果，儘管只有作者的名字能放上封面。我有許多要感謝的成員：鼓勵我把一封古怪的電子郵件變成一本書的 Zara Larcombe；一路專業地管理一切進展，從難看的手稿變成讀者手中這本精美的書的 Charlotte Selby；以及拍出這些專業照片的 Ida Riveros。與你們共事是件令人愉快的事。Rita Platts 為這本書拍了最後幾張照片，Masumi Briozzo 做了設計，Davina Cheung 則監督了整個製作過程；謝謝你們。書中若有出現任何錯誤，是我造成的，不是他們。我寫的第一本配方書能夠經由 Laurence King 出版社出版真的是我的榮幸，對 Barney、Jo、Adrian、Laurence、Marc、Angus、Alison 及每個在那裡，還有在 ACBUK 及 Chronicle Books 書店支持我的每個人，我都充滿感激。

我第一堂「真的」麵包烘焙課是在倫敦一家很棒的糕點店 Patisserie Française 的店主 Dominique Pechon 教我的。我現在得向他道歉，當時的我並沒有太專心；不過話說回來，我當時也才六歲，大概還沒準備好要學習他那種專業程度的烘焙。

我的家人和朋友都已吃過大量的實驗麵包，忍受家裡到處都有正在發麵的麵團，試吃過不同配方，而且能包容生活周遭的任何平面上都覆著薄薄的一層黑麥粉。除了謝謝，還是謝謝，謝謝你們的鼓勵、點子、耐心和愛：LB、Sid、Andrew、Ellie、Jonty，且特別是Jules。

圖像版權

Ida Riveros: 2, 9, 17, 18, 19, 20~21, 23, 25, 26~29, 32~37, 42~47, 50~57, 59, 68, 70~71, 73, 74, 80~87, 89~96, 99~100, 103~106, 109, 112

Rita Platts: 6, 10~11, 31, 38~41, 48~49, 60~61, 64~65, 67, 77~79、封面及封底。

Shutterstock ╱ DuTo: 12~13

iStock Photo ╱ Uwe Zänker: 15